마음을 기록하는
아플리케 자수

마음을 기록하는
아플리케 자수

김지원 지음

천과 실로 수놓는 따뜻한 일상 기억

팜파스

천과 실을 이용해서 일상생활에서 좋아하는 대상을 향한
마음을 기록하고 있습니다.

바쁘게 돌아가는 생활 속에서 지내다 보면
자신에 대해 쉽게 잊게 되는 것 같습니다.
저 역시 스스로가 무엇을 좋아하고 어떤 것을 잘하는지에 대해 잊고
하루하루 의미 없는 시간을 보냈습니다.
그러다 좋아하는 일을 찾게 됐고,
내가 어떤 사람인가에 대해 생각하기 시작했습니다.

좋아하는 대상과 함께하면 잠시나마 위안이 되고
일상을 좀 더 빛나게 만들어준다고 생각합니다.
때문에 제 삶에 의미 있는 부분들을 기록해서 간직하기 위한
작업을 이어나가고 있습니다.

좋아하는 마음을 담아 만드는
그 작업을 지켜봐주고, 공감해주고 함께 좋아해주는 마음.
따뜻한 두 마음이 담긴 작업을 계속 이어나가는 것은 큰 바람입니다.

목 차

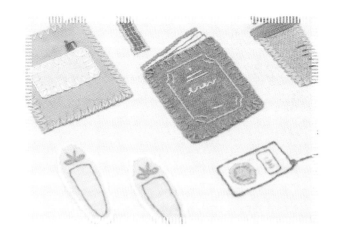

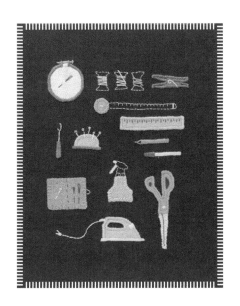

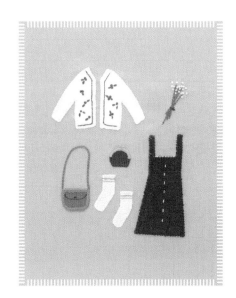

〈 **좋아하는 물건** 〉 　　 〈 **좋아하는 옷차림** 〉

⟨ **좋았던 순간** ⟩　　　　　⟨ **좋아하는 공간** ⟩

⟨ 생활 속에 스며들기 ⟩

시 작 하 기 전 에

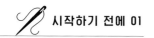

준비물

❶ 수틀
바탕천을 팽팽하게 고정해서 자수 작업을 수월하게 도와주는 틀입니다. 사이즈부터 재질까지 다양한 종류가 있어요. 처음 시작하는 분들은 10~12cm 정도 크기의 나무 재질 수틀을 사용하면 좋습니다.

❷ 바늘
바늘의 번호가 커질수록 바늘이 가늘어지고 바늘귀는 작아져요(3호 바늘귀 > 10호 바늘귀). 원단 두께와 사용하는 실의 종류나 가닥 수에 따라 선택해서 사용하세요. 저는 보통 DMC 25번 자수실 2~3가닥을 사용할 때 클로버사 6호를 사용합니다.

❸ 실
실의 재질과 굵기가 다양하지만 이 책에서는 DMC 25번 자수실만 사용했습니다. 라벨에 실 번호가 적혀 있고 6가닥으로 이루어져 있어서 필요한 길이만큼 잘라서, 필요한 가닥 수만큼 뽑아서 사용하면 돼요.

❹ 보빈
자수실을 엉키지 않게 감아서 찾기 쉽게 보관하기 위한 실패입니다.

❺ 실뜯개
수를 잘못 놓아 실을 뜯을 때 사용하는 도구입니다.

❻ 가위
쓰임에 따라(재단 가위, 쪽가위, 자수 가위)를 선택해서 사용하면 좋아요. 천을 자를 때는 재단 가위를 사용하고, 자수 작업 후 남은 실이나 세밀한 부분을 자를 때는 자수 가위를 사용하면 됩니다.

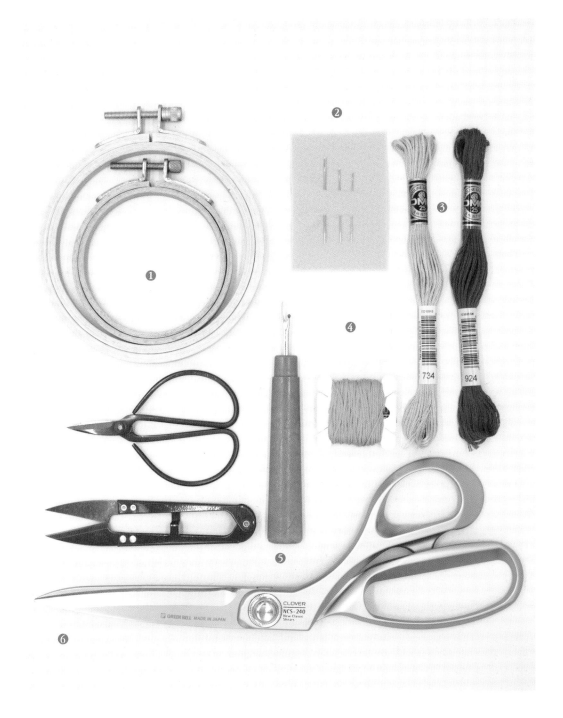

❼ 원단 자수 놓기에는 부드러운 촉감의 면이나 린넨이 좋아요. 신축성이 있으면 수틀에 끼우거나 수를 놓을 때마다 늘어나기 때문에 신축성이 있는 원단은 사용하지 않는 것이 좋아요. 원단은 두께에 따라 10수, 20수, 30수 등 다양한데, 숫자가 커질수록 두께는 얇아집니다. 이 책에서는 바탕용으로는 면 10수, 아플리케 자수용으로는 면 20수와 린넨을 주로 사용했습니다.

❽ 먹지 도안을 원단에 옮길 때 사용합니다. 원단 위에 먹지의 검은색 부분을 원단과 맞닿게 올려두고 그 위로 도안을 올려 따라 그리면 됩니다.

❾ 트레싱지 반투명한 종이로 책에 수록된 도안을 옮겨 그릴 때 사용합니다.

❿ 자 원단에 재단할 크기를 표시할 때 사용합니다.

⓫ 시침핀 원단을 임시로 고정할 때 사용합니다.

⓬ 패브릭 풀 바탕 원단 위에 아플리케용 원단을 고정할 때 편리하게 사용할 수 있어요. 사용 후 세탁하면 풀 성분이 자연스럽게 제거됩니다.

⓭ 철필 먹지나 트레싱지 위에 도안을 따라 그릴 때 사용합니다.

⓮ 초크펜 재단선이나 도안을 그릴 때 사용하는 색연필처럼 생긴 초크펜이에요. 흔적이 남을 수 있으니 원단 뒷면에서 사용해주세요.

⓯ 수성펜 원단 위에 바로 도안을 그릴 때 주로 사용합니다. 물에 닿으면 지워지기 때문에 편리하게 사용할 수 있어요.

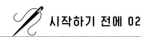 **시작하기 전에 02**

간단히
살펴보는
기초

원단 준비

자수를 취미로 하는 분들이 늘어나면서 이제는 자수 관련 용품들도 인터넷 쇼핑몰에서 쉽게 구매할 수 있어요. 쇼핑몰 상품 상세설명에 용도가 적혀 있기 때문에 자수용 원단을 선택하면 됩니다(린넨, 면 20~30수를 사용하면 좋습니다). 다양한 원단이나 부자재들을 직접보고 구매하고 싶은 분들은 동대문 종합상가 A, B동 5층으로 가보세요.

아플리케 자수를 할 때 작은 조각천을 사용하는 경우가 많기 때문에 사용하고 남은 조각천들을 따로 보관해두면 좋아요. 원단은 수놓기 전에 한 번 세탁하고 다림질해주세요.

수틀 끼우기

01 수틀 위 나사를 돌려서 풀어주세요.

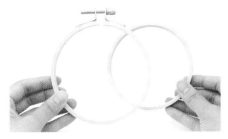

02 수틀이 두 개로 분리됩니다.

03 안쪽 수틀 위에 원단을 올려놓아 주세요.

04 원단 위에 바깥쪽 수틀을 올려놓고 나사를
조여주세요.

첫 매듭짓기

01 바늘에 실을 꿰고 실 끝을 왼손 검지 위에 올린 후 그 위로 바늘을 올려주세요.

02 긴 쪽의 실로 바늘을 2~3번 감아주세요.

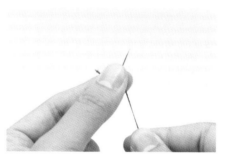

03 감은 부분을 왼손 엄지로 누른 채 오른손으로 실을 아래쪽으로 내려주세요.

04 아래로 내린 실을 왼손 엄지로 잡고 오른손으로 바늘만 위로 빼주세요. 실을 끝까지 당길 때 왼손 엄지는 계속 잡고 있어야 해요.

05 실 끝에 매듭이 생기게 됩니다.

끝 매듭짓기

01 자수 작업이 끝나면 원단 뒷면에서 마지막
땀에 바늘을 걸어주세요.

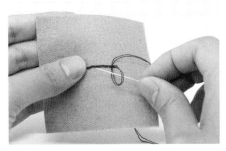

02 바늘을 위로 빼내면 고리가 생기는데 고리
로 바늘을 넣어주세요.

03 실을 끝까지 당기면 매듭이 생겨요. 남은 실
은 가위로 잘라주세요.

도안 옮기기

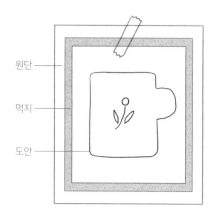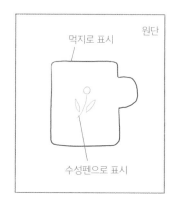

원단 → 먹지 → 도안 순으로 올려놓고 테이프로 살짝 고정시킨 뒤 도안 외곽선을 따라서 그려주세요. 철필을 사용해도 되고, 철필이 없다면 연필이나 펜을 사용해도 됩니다. 다만, 뾰족한 연필이나 펜은 그리다가 도안이 찢어질 수 있으므로 너무 뾰족한 연필이나 펜은 피해주세요. 전체적인 모양만 먹지로 표시해주고 도안과 먹지를 떼어냅니다. 그리고 자수 놓을 부분은 도안을 보고 수성펜으로 그려주세요. 수놓을 부분까지 먹지로 옮기면 원단에 먹지의 검은 부분이 많이 묻어날 수 있습니다.

아플리케 순서

바탕천 위에 수성펜이나 먹지로 도안의 전체적인 배치를 표시해주세요. 하나씩 순서대로 도안을 따라 조각천을 오려서 바탕천 위에 고정한 뒤 아플리케 해주세요.
바탕천 위에 임시로 고정하는 방법은 조각천에 시침질을 해놓고 아플리케 후 시침질했던 실을 제거하거나 패브릭용 풀로 붙여줍니다. 패브릭용 풀을 이용할 때는 조각천 가장자리에 풀칠이 많이 되지 않도록 해주세요. 바느질할 때 뻑뻑해서 불편할 수 있어요. 가운데 부분에 살짝 풀칠해서 임시로 고정해주세요.

아플리케용 도안 오려내기

---- 가위선　　　──── 수성펜

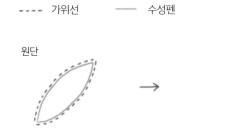

원단

원단 위에 바로 수성펜으로 그린 뒤 가위로 오려냅니다. 아플리케 도안은 대부분 크기가 작기 때문에 재단 가위보다 끝이 뾰족한 자수 가위, 공예용 가위를 사용하면 세밀하게 오려낼 수 있습니다.

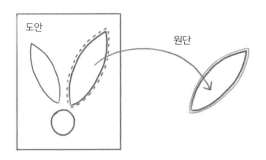

도안

원단

원단 위에 바로 그리기 힘든 도안일 경우 옮기려는 부분의 도안을 오려냅니다. 원단 위에 도안을 올려놓고 외곽선을 수성펜으로 그려주세요. 도안을 떼어내고 수성펜을 따라 가위로 오려주세요.

TIP 세밀하게 오려내기

01 안쪽을 오려내야 하는 도안의 경우 먼저 외곽선부터 오려주세요.

02 오려낸 조각천을 반으로 접어서 안쪽에 가위집을 살짝 내주세요(필요한 부분까지 잘리지 않도록 주의해서 살짝만 잘라주세요).

03 가위집에 가위 끝을 넣어 천천히 오려줍니다. 세밀한 부분을 오릴 때는 가윗날의 안쪽보다 가위 끝을 이용해서 오려주세요.

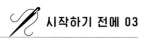

이 책에서
사용한 스티치

러닝 스티치

01 바늘을 1번으로 빼서 2번으로 넣어주세요.　　02 한 땀 띄어놓고 3번으로 빼고 4번으로 넣어주세요.

03 같은 방법으로 반복해주세요.

레이지 데이지 스티치

01 바늘을 1번으로 빼서 바로 옆 2번으로 넣어주는데 실을 끝까지 당기지 말고 살짝 느슨하게 남겨주세요.

02 1번과 2번 사이 위쪽 3번으로 바늘을 빼주세요.

03 실을 끝까지 당겨주고 4번으로 바늘을 넣어주세요. 1번과 2번의 간격을 좀 더 주면 색다른 느낌으로 됩니다.

백 스티치

01 시작점보다 한 땀 앞 1번으로 바늘을 빼고 뒤로 가서 시작점 2번으로 넣어주세요.

02 1번에서 한 땀 앞 3번으로 바늘을 빼고 다시 뒤로 가서 4번(1번과 같은 지점)으로 바늘을 넣어주세요.

03 같은 방법으로 반복해주세요.

새틴 스티치

01 수놓을 도안 중앙 1번에서
바늘을 빼서 2번으로 넣어주세요

02 도안을 따라 실을 채워주세요.

03 한쪽을 다 채우면 중앙선을 기점으로
반대쪽도 같은 방법으로 채워주세요.

스트레이트 스티치

01 바늘을 1번으로 빼서 2번으로 넣어주세요.

02 원하는 곳에 한 땀 수놓는 스티치입니다.

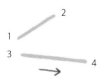

03 방향에 상관없이 자유롭게 한 땀씩 수놓아주세요.

아우트라인 스티치

01 바늘을 1번으로 빼서
2번으로 넣어주세요.

02 1번과 2번 사이 3번으로 바늘을 빼주세요. 3번에서
한 땀 앞으로 가서 4번으로 바늘을 넣어주세요.

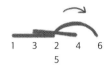

03 다시 3번과 4번 사이 5번으로 바늘을 빼고 6번으로
넣어주세요. 같은 방법으로 반복해주세요.

체인 스티치

01 바늘을 1번으로 빼서 바로 옆
2번으로 넣어주는데 실을 끝까지 당기지 말고
살짝 느슨하게 남겨주세요.

02 바늘을 3번으로 빼서
다시 바로 옆 4번으로 넣어주세요.

03 바늘을 5번으로 빼서 다시 바로 옆으로 넣어주세요.
이 과정을 반복해주세요.

프렌치 노트 스티치

01 바늘을 1번으로 빼주세요.

02 바늘에 실을 2~3번 정도 감은 다음
1번 바로 옆 2번에 바늘을 넣어주세요.

03 바늘에 감았던 실이 풀리지 않도록 주의하면서
실을 끝까지 당겨주세요.

플라이 스티치

01 바늘을 1번으로 빼서 2번으로 넣어주는데 실을
끝까지 당기지 말고 살짝 느슨하게 남겨주세요.

02 1번과 2번 사이 아래쪽 3번으로 바늘을 빼주세요.

03 실을 끝까지 당겨주고 3번에서
살짝 아래로 내려가서 4번으로 바늘을 넣어주세요.

홈질

01 바늘을 1번으로 빼서
2번으로 넣어주세요.

02 한 땀 띄어놓고 3번으로 빼고
4번으로 넣어주세요.

03 같은 방법으로 반복해주세요
(자수에서 러닝 스티치 방법과 같습니다).

박음질

01 시작점보다 한 땀 앞 1번으로 바늘을 빼고
뒤로 가서 시작점 2번으로 넣어주세요.

02 1번에서 한 땀 앞 3번으로 바늘을 빼고
다시 뒤로 가서 4번(1번과 같은 지점)으로
바늘을 넣어주세요.

03 같은 방법으로 반복해주세요
(자수에서 백 스티치 방법과 같습니다).

공그르기

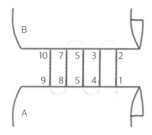

파우치나 가방에서 안감 창구멍을 마감할 때 주로 사용하는 방법입니다.

01 A 원단의 시접 안쪽(1번 위치)에서 바늘을 빼주세요.

02 바로 맞은편 B 원단의 시접 안쪽 2번으로 바늘을 넣어주세요.

03 시접 안에서 한 땀 가서 3번으로 바늘을 빼주세요.

04 다시 맞은편 4번으로 바늘을 넣어주세요.

05 같은 방법으로 반복해주세요.

06 실을 당겨주면 바늘땀이 겉에서 보이지 않게 됩니다.

아플리케 하는
방법

버튼홀 스티치로 아플리케 하는 방법

01 바늘을 뒤에서 앞으로 빼줍니다.

02 오른쪽으로 한 땀 앞으로 가서 바늘을 넣어주세요. 이때 실을 끝까지 당기지 말고 고리 모양으로 조금 남겨주세요.

03 뒤로 넣었던 곳에서 한 땀 위로 간 지점으로 뒤에서 앞으로 바늘을 빼주세요.

04 바늘을 빼면서 2번에서 남겨놓았던 고리로 통과시켜주세요. 그림을 참고하면서 바늘이 고리의 오른쪽 실 밑으로 통과하도록 해주세요.

05 4번에서 고리를 통과하면서 실을 끝까지 당기면 매듭이 생기게 됩니다. 이 매듭이 생겼다면 버튼홀 스티치 성공이에요.

06 같은 방법으로 해주면 됩니다.

일자 감침질로 아플리케 하는 방법

01 바늘을 뒤에서 앞으로 빼줍니다.

02 한 땀 위로 올라간 지점으로 바늘을 넣어주세요.

03 처음 바늘을 뺐던 부분 바로 옆으로 바늘을 빼주세요. 그리고 한 땀 위로 올라간 지점으로 바늘을 넣어주세요.

04 다시 3번에서 바늘을 뺐던 부분 바로 옆으로 바늘을 빼주세요. 그리고 한 땀 위로 올라간 지점으로 바늘을 넣어주세요.

05 같은 방법을 반복하면 됩니다.

06 바늘땀 간격에 따라서 색다른 느낌을 줄 수 있습니다.

지그재그 감침질로 아플리케 하는 방법

01 바늘을 뒤에서 앞으로 빼줍니다.

02 한 땀 위로 올라간 지점으로 바늘을 넣어주세요.

03 바늘을 처음 시작점으로 다시 빼주세요.

04 바늘을 대각선 위쪽으로 넣어주세요.

05 4번에서 바늘을 넣었던 지점 일직선 아래 지점으로 바늘을 빼주세요.

06 다시 일직선 위로 바늘을 넣어주세요.

07 같은 방법으로 반복해주면 됩니다.

아플리케 작업 과정

1. 디자인을 구상합니다.

2. 배경 천의 색상을 고릅니다.

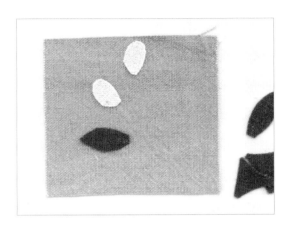

3. 조각천들을 다양한 모양으로 오려서 배경 천 위에 올려줍니다.

4. 조각천의 가장자리를 바느질로 고정합니다.

5. 완성도를 위해 세부적인 표현은 자수로 마무리 해 줍니다.

종아하는 물건

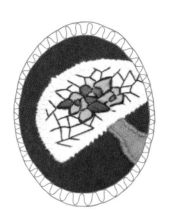

전등

전등 불빛이 은은하게
방 안에 퍼지면 편안한 느낌이 들어요.
다양한 종류의 전등 중에서도
특히 스테인드글라스 전등을 좋아해요.
빈티지 느낌의 스테인드글라스 전등을
아플리케 자수로 표현해봤습니다.

도안

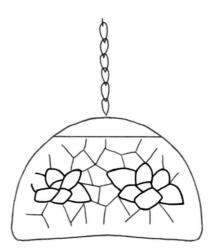

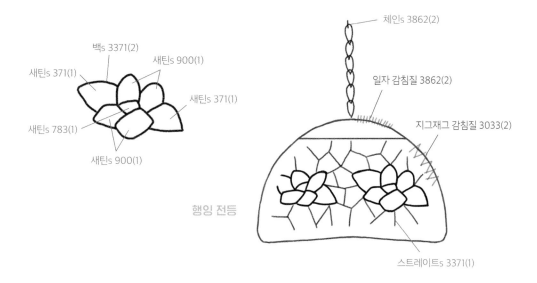

백s 3371(2)

새틴s 900(1)

새틴s 371(1)

새틴s 371(1)

새틴s 783(1)

새틴s 900(1)

행잉 전등

체인s 3862(2)

일자 감침질 3862(2)

지그재그 감침질 3033(2)

스트레이트s 3371(1)

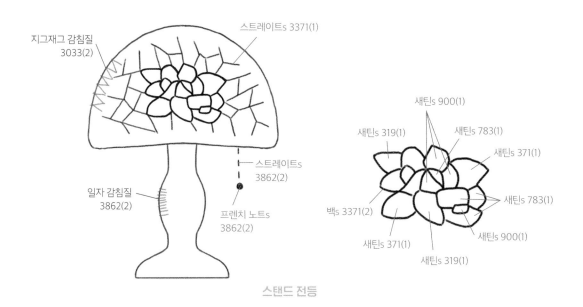

지그재그 감침질 3033(2)

스트레이트s 3371(1)

일자 감침질 3862(2)

스트레이트s 3862(2)

프렌치 노트s 3862(2)

스탠드 전등

새틴s 900(1)

새틴s 319(1)

새틴s 783(1)

새틴s 371(1)

백s 3371(2)

새틴s 783(1)

새틴s 371(1)

새틴s 900(1)

새틴s 319(1)

빨간색 글씨 - 아플리케, 갈색 글씨 - 자수(아플리케를 먼저 작업한 뒤 수놓아주세요.)

* 도안 설명은 스티치 → 실 번호 → (실의 가닥 수)로 표기했습니다.
예) 스트레이트s 3862(2) : 3862번 실 2가닥으로 스트레이트 스티치를 합니다.

스탠드 전등

• 사용한 원단	면 10수(바탕: 갈색), 면 20수(전등: 흰색, 연갈색)
• 사용한 실	DMC 25번사 319, 371, 783, 900, 3033, 3371, 3862
• 사용한 스티치	일자 감침질, 지그재그 감침질, 백 스티치, 새틴 스티치, 스트레이트 스티치, 프렌치 노트 스티치

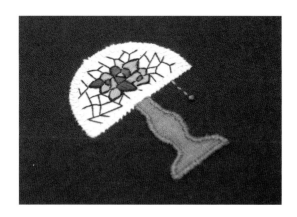

흰색 천과 연갈색 천을 도안대로 오려낸 후 연갈색 천 먼저 일자 감침질(3862번 실)로 아플리케 해주세요.

연갈색 천 위에 흰색 천을 올려두고 지그재그 감침질 (3033번 실) 해줍니다.

전등 꾸밈에서 꽃 부분을 먼저 스티치 해주고, 3371번 실로 꽃 가장자리(실 2겹 사용)와 스테인드글라스를 표현 (실 1겹 사용)해줍니다.

마지막으로 전등 스위치도 수놓아주세요.

행잉 전등

• 사용한 원단	면 10수(바탕: 갈색), 면 20수(전등: 흰색, 연갈색)
• 사용한 실	DMC 25번사 371, 783, 900, 3033, 3371, 3862
• 사용한 스티치	일자 감침질, 지그재그 감침질, 백 스티치, 새틴 스티치, 스트레이트 스티치, 체인 스티치

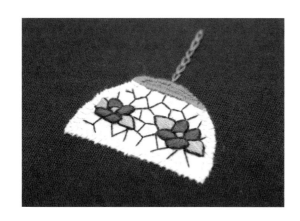

흰색 천 가장자리를 지그재그 감침질(3033번 실)로 아플리케 해주세요.

연갈색 천 조각을 작게 잘라 흰색 천 위쪽에 붙여주고 일자 감침질(3862번 실) 해주세요.

아플리케 한 연갈색 천 중앙 지점에서 위로 체인 스티치를 해줍니다.

전등 꾸밈은 역시 꽃 부분을 먼저 스티치 해주고, 3371번 실로 꽃 가장자리(실 2겹 사용)와 스테인드글라스를 표현(실 1겹 사용)해주세요.

여러 천을 아플리케 할 경우에는

아래쪽에 놓일 천을 오려낼 때 겹쳐지는 부분은 도안보다 위쪽으로 살짝 여유 있게 잘라주세요.
이때 두꺼운 천을 사용하면 위에 천을 덮었을 때 겹치는 부분이 볼록해지기 때문에 되도록 얇은 천을 사용해주세요.

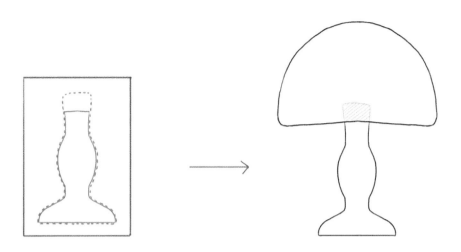

행잉 전등에서 윗부분 연갈색 천을 작게 자르기 힘든 경우에는

흰색 천을 스탠드 전등과 같은 도안으로 오려서 밑부분은 3033번 실로 지그재그 감침질을 해주고, 윗부분은 3862번
실로 새틴 스티치 해주세요.

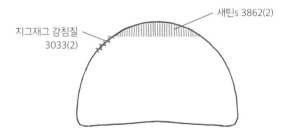

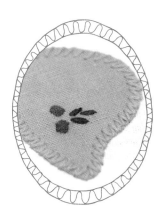

모자

복고 느낌의 모자들을 좋아해서 아플리케 자수로 수놓아봤어요.
좋아하는 색감의 천들로 모자의 형태를 잡고 모자 꾸밈은 실로 채워 넣었어요.
다양한 느낌의 모자들을 함께 표현해봐요.

도안

수놓는 법

지그재그 감침질 500(2)

새틴s 729(2)

초록색 모자

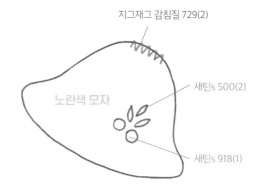

지그재그 감침질 729(2)

노란색 모자

새틴s 500(2)

새틴s 918(1)

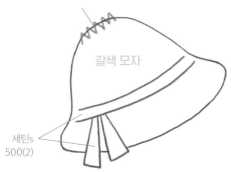

지그재그 감침질 3862(2)

갈색 모자

새틴s
500(2)

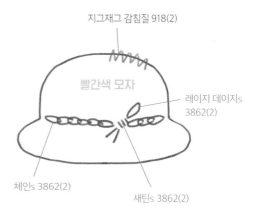

지그재그 감침질 918(2)

빨간색 모자

레이지 데이지s
3862(2)

체인s 3862(2)

새틴s 3862(2)

빨간색 글씨 - 아플리케, 갈색 글씨 - 자수(아플리케를 먼저 작업한 뒤 수놓아주세요.)

* 도안 설명은 스티치 → 실 번호 → (실의 가닥 수)로 표기했습니다.
예) 스트레이트s 3862(2) : 3862번 실 2가닥으로 스트레이트 스티치를 합니다.

초록색 모자

• 사용한 원단	린넨(바탕, 모자: 초록색)
• 사용한 실	DMC 25번사 500, 729
• 사용한 스티치	지그재그 감침질, 새틴 스티치

초록색 천을 도안대로 잘라서 바탕천 위에 자리 잡고 지그재그 감침질(500번 실) 해주세요.
729번 실로 모자 띠 부분을 새틴 스티치로 채워주세요.

갈색 모자

• 사용한 원단	린넨(바탕), 면 20수(모자: 연갈색)
• 사용한 실	DMC 25번사 500, 3862
• 사용한 스티치	지그재그 감침질, 새틴 스티치

갈색 천을 도안대로 잘라서 바탕천 위에 자리 잡고 지그재그 감침질(3862번 실) 해주세요.
500번 실로 모자띠 부분을 새틴 스티치로 채워주세요.

노란색 모자

• 사용한 원단	린넨(바탕), 면 20수(모자: 노란색)
• 사용한 실	DMC 25번사 500, 729, 918
• 사용한 스티치	지그재그 감침질, 새틴 스티치

노란색 천을 도안대로 잘라서 바탕천 위에 자리 잡고 지그재그 감침질(729번 실) 해주세요.

918번 실과 500번 실을 이용해서 모자 안에 예쁜 꽃을 수놓아주세요.

빨간색 모자

• 사용한 원단	린넨 (바탕, 모자: 짙은 빨간색)
• 사용한 실	DMC 25번사 918, 3862
• 사용한 스티치	지그재그 감침질, 레이지 데이지 스티치, 새틴 스티치, 체인 스티치

빨간색 천을 도안대로 잘라서 바탕천 위에 자리 잡고 지그재그 감침질(918번 실) 해주세요.

체인 스티치와 레이지 데이지 스티치로 모자를 꾸며주면 됩니다.

찻잔

저는 일을 할 때 커피, 허브 차, 홍차를 즐겨 마셔요.

때문에 차를 마실 때 기분까지 좋게 해주는 예쁜 찻잔들도 좋아합니다.

소박하고 차분한 분위기의 찻잔에 차를 마시면 마음까지 안정되는 것 같아요.

차 한 잔 마시면서 나만의 찻잔을 수놓아보세요.

수놓는 법

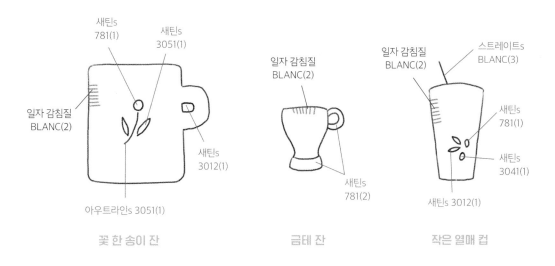

새틴s 781(1)

새틴s 3051(1)

일자 감침질 BLANC(2)

새틴s 3012(1)

아우트라인s 3051(1)

꽃 한 송이 잔

일자 감침질 BLANC(2)

새틴s 781(2)

금테 잔

일자 감침질 BLANC(2)

스트레이트s BLANC(3)

새틴s 781(1)

새틴s 3041(1)

새틴s 3012(1)

작은 열매 컵

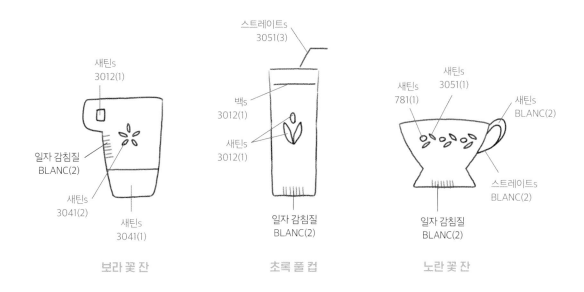

새틴s 3012(1)

일자 감침질 BLANC(2)

새틴s 3041(2)

새틴s 3041(1)

보라 꽃 잔

스트레이트s 3051(3)

백s 3012(1)

새틴s 3012(1)

일자 감침질 BLANC(2)

초록 풀 컵

새틴s 781(1)

새틴s 3051(1)

새틴s BLANC(2)

스트레이트s BLANC(2)

일자 감침질 BLANC(2)

노란 꽃 잔

빨간색 글씨 - 아플리케, 갈색 글씨 - 자수(아플리케를 먼저 작업한 뒤 수놓아주세요.)

* 도안 설명은 스티치 → 실 번호 → (실의 가닥 수)로 표기했습니다.
예) 스트레이트s 3862(2) : 3862번 실 2가닥으로 스트레이트 스티치를 합니다.

꽃 한 송이 잔

• 사용한 원단	면 10수(바탕: 연두색), 린넨(컵: 흰색)
• 사용한 실	DMC 25번사 781, 3012, 3051, BLANC
• 사용한 스티치	일자 감침질, 새틴 스티치, 아웃라인 스티치

1. 흰색 천을 도안대로 오려서 바탕천 위에 아플리케 해주세요(BLANC 실로 일자 감침질).
2. 잔 안에 노란 꽃을 수놓아주세요.
3. 손잡이는 바탕천과 비슷한 색상의 3012번 실로 채워주세요.

금테 잔

• 사용한 원단	면 10수(바탕: 연두색), 린넨(컵: 흰색)
• 사용한 실	DMC 25번사 781, BLANC
• 사용한 스티치	일자 감침질, 새틴 스티치

1. 흰색 천을 도안대로 오려서 바탕천 위에 아플리케 해주세요(BLANC 실로 일자 감침질).
2. 781번 실로 찻잔 밑부분과 손잡이 부분을 새틴 스티치로 채워주세요.

작은 열매 컵

• 사용한 원단	면 10수(바탕: 연두색), 린넨(컵: 흰색)
• 사용한 실	DMC 25번사 781, 3012, 3041, BLANC
• 사용한 스티치	일자 감침질, 새틴 스티치, 스트레이트 스티치

1. 흰색 천을 도안대로 오려서 바탕천 위에 아플리케 해주세요(BLANC 실로 일자 감침질).
2. 컵 안에 3012번, 781번, 3041번 실로 작은 열매와 잎을 수놓아주세요.
3. BLANC 실로 빨대를 표현해주세요.

보라 꽃 잔

• **사용한 원단**	면 10수(바탕: 연두색), 린넨(컵: 흰색)
• **사용한 실**	DMC 25번사 3012, 3041, BLANC
• **사용한 스티치**	일자 감침질, 새틴 스티치

1. 흰색 천을 도안대로 오려서 바탕천 위에 아플리케 해주세요(BLANC 실로 일자 감침질).
2. 3041번 실로 컵 안에 꽃을 수놓고 컵 아랫부분을 새틴 스티치로 꾸며주세요.
3. 손잡이는 바탕천과 비슷한 색상의 3012번 실로 채워주세요.

초록 풀 컵

• **사용한 원단**	면 10수(바탕: 연두색), 린넨(컵: 흰색)
• **사용한 실**	DMC 25번사 3012, 3051, BLANC
• **사용한 스티치**	일자 감침질, 백 스티치, 새틴 스티치,
	스트레이트 스티치

1. 흰색 천을 도안대로 오려서 바탕천 위에 아플리케 해주세요(BLANC 실로 일자 감침질).
2. 컵 안에 3012번 실로 잎을 수놓아주세요.
3. 3051번 실로 빨대를 표현해주세요.
4. 백 스티치(3012번 실)로 음료수가 채워진 듯한 느낌을 표현해주세요.

노란 꽃 잔

• **사용한 원단**	면 10수(바탕: 연두색), 린넨(컵: 흰색)
• **사용한 실**	DMC 25번사 781, 3051, BLANC
• **사용한 스티치**	일자 감침질, 새틴 스티치, 스트레이트 스티치

1. 흰색 천을 도안대로 오려서 바탕천 위에 아플리케 해주세요(BLANC 실로 일자 감침질).
2. 잔 안에 781번, 3051번 실로 꽃과 잎을 수놓아주세요.
3. 손잡이 부분은 새틴 스티치와 스트레이트 스티치로 표현해주세요.

편지

편지는 쓰는 것도 좋고, 받는 것도 좋아요.
사소한 내용의 편지일지라도
그 당시 나와 상대방의 모습이 같이 담겨 있는 것 같아서
모두 간직하고 있어요.
마음의 온기가 느껴지는 편지를
아플리케 자수로 기록해보세요.

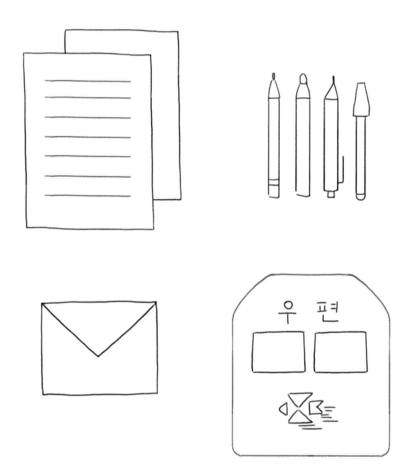

수놓는 법

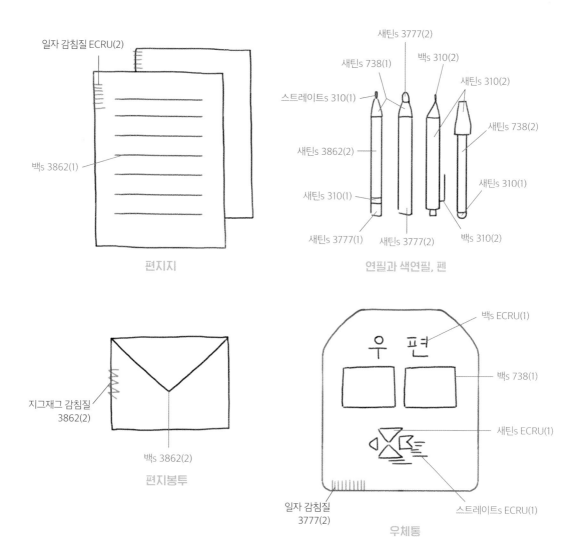

일자 감침질 ECRU(2)

백s 3862(1)

편지지

새틴s 3777(2)
새틴s 738(1)
백s 310(2)
새틴s 310(2)
스트레이트s 310(1)
새틴s 738(2)
새틴s 3862(2)
새틴s 310(1)
새틴s 310(1)
새틴s 3777(1)
새틴s 3777(2)
백s 310(2)

연필과 색연필, 펜

지그재그 감침질
3862(2)

백s 3862(2)

편지봉투

우   편

백s ECRU(1)

백s 738(1)

새틴s ECRU(1)

일자 감침질
3777(2)

스트레이트s ECRU(1)

우체통

빨간색 글씨 - 아플리케, 갈색 글씨 - 자수(아플리케를 먼저 작업한 뒤 수놓아주세요.)

* 도안 설명은 스티치 → 실 번호 → (실의 가닥 수)로 표기했습니다.
예) 스트레이트s 3862(2) : 3862번 실 2가닥으로 스트레이트 스티치를 합니다.

편지지

• **사용한 원단**	면 20수(바탕: 살구색), 린넨(편지지: 흰색)
• **사용한 실**	DMC 25번사 3862, ECRU
• **사용한 스티치**	일자 감침질, 백 스티치

1. 바탕천 위에 흰색의 린넨 천을 사각형으로 오려서 일자 감침질(ECRU 실)로 아플리케 해주세요.
2. 3862번 실로 편지지의 줄을 수놓아주세요.

편지봉투

• **사용한 원단**	면 20수(바탕: 살구색, 편지봉투: 줄무늬 천)
• **사용한 실**	DMC 25번사 3862
• **사용한 스티치**	지그재그 감침질, 백 스티치

1. 아이보리색 바탕에 가로 줄무늬가 있는 천을 오려서 바탕천 위에 아플리케 해줍니다(지그재그 감침질 3862번 실).
2. 봉투의 세부적인 표현도 수놓아주세요.

연필과 색연필, 펜

• 사용한 원단	면 20수(바탕: 살구색)
• 사용한 실	DMC 25번사 310, 738, 3777, 3862
• 사용한 스티치	백 스티치, 새틴 스티치, 스트레이트 스티치

1. 바탕천 위에 수성펜으로 스케치를 해주세요.
2. 3862번, 3777번, 310번, 738번 실로 새틴 스티치와 스트레이트 스티치, 백 스티치를 사용해서 연필과 색연필, 펜을 표현해주세요.

우체통

• 사용한 원단	면 20수(바탕: 살구색), 린넨(우체통: 짙은 빨간색)
• 사용한 실	DMC 25번사 738, 3777, ECRU
• 사용한 스티치	일자 감침질, 백 스티치, 새틴 스티치, 스트레이트 스티치

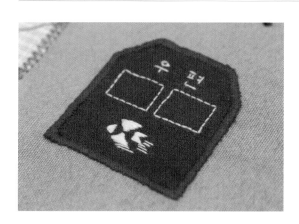

1. 짙은 빨간색 천을 도안대로 오려서 바탕천 위에 일자 감침질로 아플리케 해주세요(3777번 실 사용).
2. 우체통 안은 738번과 ECRU 실로 세부적인 표현을 해주세요.

전통 장신구

한국 고유의 아름다움이 담긴 전통 장신구들을 좋아해요.

현재는 사용하지 않지만 계속 지켜나가기 위해 노력해야 할 것 같습니다.

작은 시도를 함께 기록해보세요.

저고리 옷고름 색만 바꿔봐도 색다르게 완성될 거예요.

도안

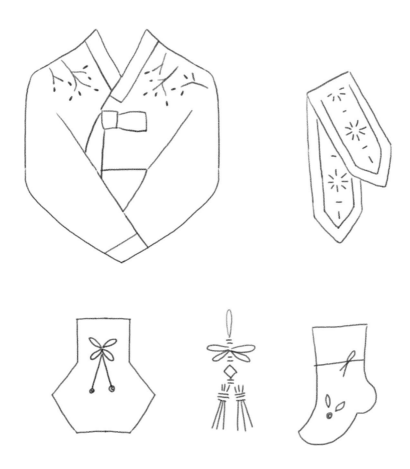

수놓는 법

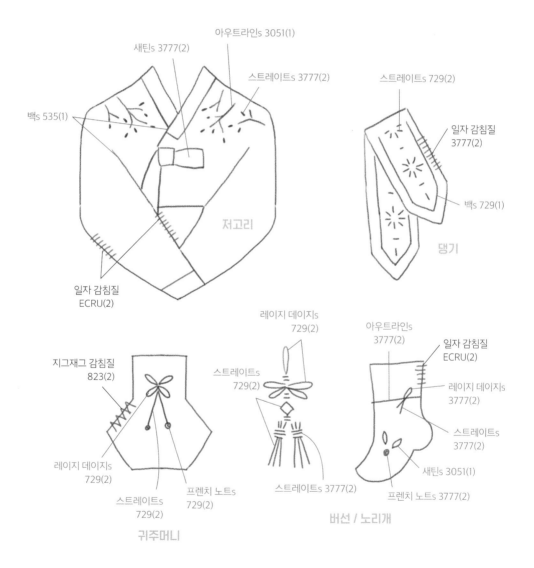

새틴s 3777(2)

아우트라인s 3051(1)

스트레이트s 3777(2)

백s 535(1)

저고리

일자 감침질
ECRU(2)

스트레이트s 729(2)

일자 감침질
3777(2)

백s 729(1)

댕기

지그재그 감침질
823(2)

레이지 데이지s
729(2)

스트레이트s
729(2)

아우트라인s
3777(2)

일자 감침질
ECRU(2)

레이지 데이지s
729(2)

레이지 데이지s
3777(2)

스트레이트s
729(2)

프렌치 노트s
729(2)

스트레이트s 3777(2)

스트레이트s
3777(2)

새틴s 3051(1)

프렌치 노트s 3777(2)

버선 / 노리개

귀주머니

빨간색 글씨 - 아플리케, 갈색 글씨 - 자수(아플리케를 먼저 작업한 뒤 수놓아주세요.)

* 도안 설명은 스티치 → 실 번호 → (실의 가닥 수)로 표기했습니다.
예) 스트레이트s 3862(2) : 3862번 실 2가닥으로 스트레이트 스티치를 합니다.

저고리

• **사용한 원단**	린넨(바탕: 아이보리색, 저고리: 흰색)
• **사용한 실**	DMC 25번사 535, 3051, 3777, ECRU
• **사용한 스티치**	일자 감침질, 백 스티치, 새틴 스티치, 스트레이트 스티치, 아우트라인 스티치

1. 흰색 천을 저고리 모양으로 오려서 바탕천 위에 아플리케(일자 감침질, ECRU 실) 해주세요.
2. 535번 실로 옷깃과 소매 깃을 백 스티치로 표현해주고, 3051번과 3777번 실로 꽃과 줄기를 수놓아 저고리를 꾸며주세요.
3. 마지막으로 3777번 실로 빨간색 옷고름을 수놓아주세요.

댕기

• **사용한 원단**	린넨(바탕: 아이보리색, 댕기: 짙은 빨간색)
• **사용한 실**	DMC 25번사 729, 3777
• **사용한 스티치**	일자 감침질, 백 스티치, 스트레이트 스티치

1. 빨간색 천을 도안대로 오려서 바탕천 위에 일자 감침질(3777번 실)로 아플리케 해주세요.
2. 댕기 안에는 729번 실을 이용해서 스트레이트 스티치와 백 스티치로 꾸며주세요.

귀주머니

• **사용한 원단**	린넨(바탕: 아이보리색), 면 10수(귀주머니: 남색)
• **사용한 실**	DMC 25번사 729, 823
• **사용한 스티치**	지그재그 감침질, 레이지 데이지 스티치, 스트레이트 스티치, 프렌치 노트 스티치

1. 바탕천 위에 남색 천으로 귀주머니를 아플리케 해주세요(지그재그 감침질, 823번 실).
2. 귀주머니 매듭 끈은 729번 실로 수놓아주세요.

버선 / 노리개

• **사용한 원단**	린넨(바탕: 아이보리색, 버선: 흰색)
• **사용한 실**	DMC 25번사 729, 3051, 3777, ECRU
• **사용한 스티치**	일자 감침질, 레이지 데이지 스티치, 새틴 스티치, 스트레이트 스티치, 아웃라인 스티치, 프렌치 노트 스티치

버선

1. 흰색 천을 버선 모양으로 오려서 바탕천 위에 아플리케(일자 감침질, ECRU 실) 해주세요.
2. 3777번 실로 버선 중간 지점에 빨간 리본을 수놓아주세요.
3. 버선 아래쪽에는 3777번, 3051번 실로 작은 꽃과 잎을 수놓아주세요.

노리개

1. 바탕천 위에 수성펜으로 노리개를 그려주고 729번 실로 수놓아주세요.
2. 레이지 데이지 스티치로 고리와 매듭(729번 실)을 표현하고, 스트레이트 스티치로 술(3777번 실)을 표현해주세요.

바느질 재료

무얼 좋아하고 어떤 것을 하고 싶어 하는지도 모르고 방황할 때
무심코 시작했던 취미 생활이 바느질이었습니다.
별다른 의미 없이 시작했지만 이제는 제 생활의 전부가 되었습니다.
항상 함께하는 소중한 물건들을 아플리케 자수로 기록해봤어요.

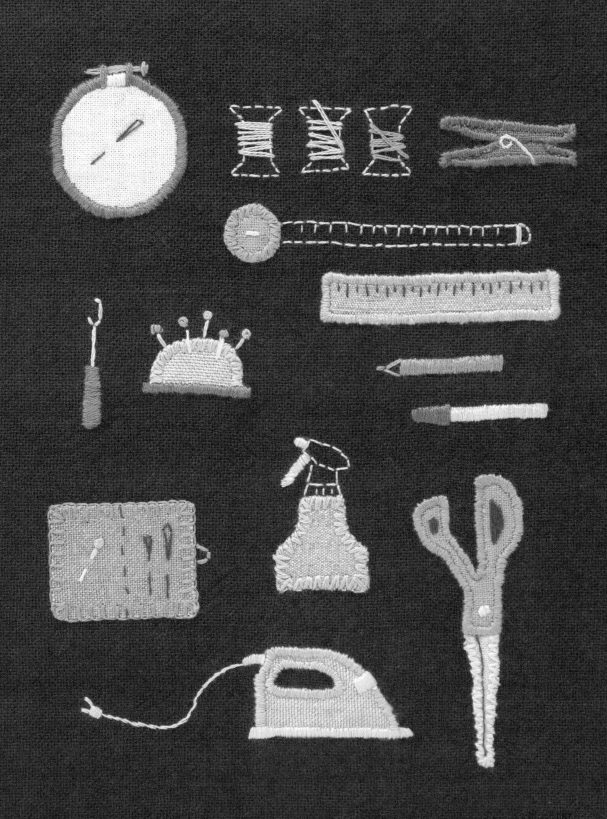

도안

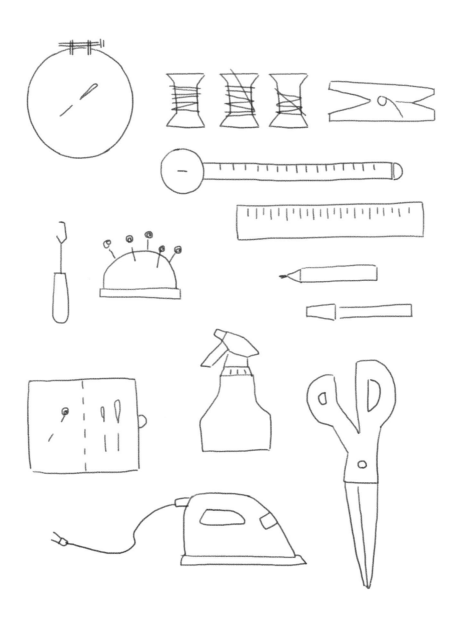

수놓는 법

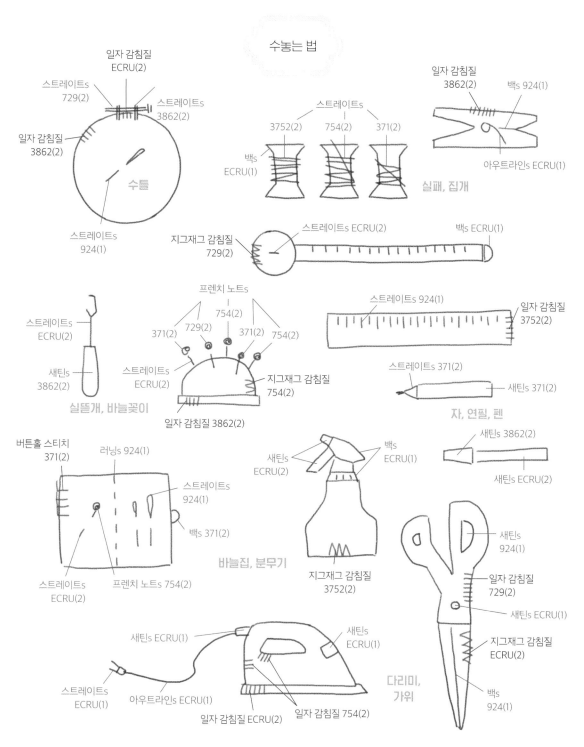

일자 감침질
ECRU(2)

스트레이트s
729(2)

스트레이트s
3862(2)

일자 감침질
3862(2)

수틀

스트레이트s
924(1)

일자 감침질
3862(2)

백s 924(1)

스트레이트s
3752(2)   754(2)   371(2)

백s
ECRU(1)

실패, 집개

아웃라인s ECRU(1)

지그재그 감침질
729(2)

스트레이트s ECRU(2)

백s ECRU(1)

스트레이트s 924(1)

일자 감침질
3752(2)

스트레이트s
ECRU(2)

새틴s
3862(2)

프렌치 노트s

371(2) 729(2) 754(2) 371(2) 754(2)

스트레이트s
ECRU(2)

지그재그 감침질
754(2)

일자 감침질 3862(2)

실뜯개, 바늘꽂이

스트레이트s 371(2)

새틴s 371(2)

자, 연필, 펜

버튼홀 스티치
371(2)

러닝s 924(1)

스트레이트s
924(1)

백s 371(2)

새틴s
ECRU(2)

백s
ECRU(1)

새틴s 3862(2)

새틴s ECRU(2)

스트레이트s
ECRU(2)

프렌치 노트s 754(2)

바늘집, 분무기

지그재그 감침질
3752(2)

새틴s
924(1)

일자 감침질
729(2)

새틴s ECRU(1)

지그재그 감침질
ECRU(2)

백s
924(1)

다리미,
가위

새틴s ECRU(1)

새틴s
ECRU(1)

스트레이트s
ECRU(1)

아웃라인s ECRU(1)

일자 감침질 ECRU(2)   일자 감침질 754(2)

빨간색 글씨 - 아플리케, 갈색 글씨 - 자수(아플리케를 먼저 작업한 뒤 수놓아주세요.)

* 도안 설명은 스티치 → 실 번호 → (실의 가닥 수)로 표기했습니다.
예) 스트레이트s 3862(2) : 3862번 실 2가닥으로 스트레이트 스티치를 합니다.

실패, 집게

• 사용한 원단	면 10수(바탕: 청록색), 면 20수(집게: 연갈색)
• 사용한 실	DMC 25번사 371, 754, 924, 3752, 3862, ECRU
• 사용한 스티치	일자 감침질, 백 스티치, 스트레이트 스티치, 아웃라인 스티치

1. 바탕천 위에 ECRU 실로 실패 모양을 백 스티치로 수놓아주고, 실패에 실이 감긴 것
   처럼 색색 실(3752번, 754번, 371번 실)로 스트레이트 스티치 해주세요.
2. 실패 옆에 연갈색 천을 도안 모양대로 오려서 일자 감침질(3862번 실)로 아플리케 해
   주세요.
3. ECRU 실로 집게 가운데 고리 부분을 수놓아주세요.
4. 924번 실로 집게의 맞닿는 부분을 백 스티치 해주세요.

다리미, 가위

• 사용한 원단	면 10수(바탕: 청록색), 린넨(다리미: 연분홍색, 가윗날: 흰색), 면 20수(가위: 노란색)
• 사용한 실	DMC 25번사 729, 754, 924, ECRU
• 사용한 스티치	일자 감침질, 지그재그 감침질, 백 스티치, 새틴 스티치, 스트레이트 스티치, 아우트라인 스티치

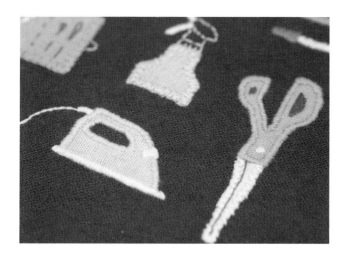

1. 연분홍색 천을 다리미 모양으로 오려주고, 위쪽은 754번 실로 일자 감침질, 아래쪽은 ECRU 실로 일자 감침질해주세요. 다리미 전기선은 아우트라인 스티치(ECRU 실)로 수놓아주세요.

2. 노란색 천을 가위 손잡이 모양으로 오려주고, 손잡이 안쪽은 바탕천과 비슷한 924번 실로 수놓아서 손잡이를 표현해주세요(다리미 손잡이 안쪽도 자르기 힘들다면 이 방법을 사용해주세요).

3. 흰색 천을 지그재그 감침질(ECRU 실)해서 가윗날을 표현해주세요.

수틀

• 사용한 원단	면 10수(바탕: 청록색), 린넨(수틀 안: 흰색)
• 사용한 실	DMC 25번사 729, 924, 3862, ECRU
• 사용한 스티치	일자 감침질, 스트레이트 스티치

1. 바탕천 위에 흰색 천을 동그랗게 오려서 가장자리를 3862번 실로 꼼꼼하게 일자 감침질해서 수틀을 표현해주세요.
2. 729번 실로 수틀 나사를, 흰색 천 위에 924번 실로 바늘을 수놓아주세요.

자, 연필, 펜

• 사용한 원단	면 10수(바탕: 청록색), 면 20수(자: 하늘색, 줄자: 노란색)
• 사용한 실	DMC 25번사 371, 729, 924, 3752, 3862, ECRU
• 사용한 스티치	일자 감침질, 지그재그 감침질, 백 스티치, 새틴 스티치, 스트레이트 스티치

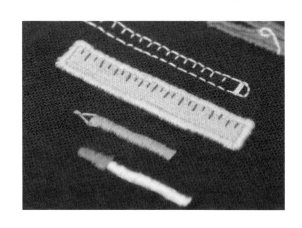

1. 바탕천 위에 노란색 천을 아플리케(지그재그 감침질, 729번 실) 해주고, ECRU 실로 줄자를 백 스티치 해주세요.
2. 줄자 밑에 하늘색 천을 일자 감침질(3752번 실)로 아플리케 하고 924번 실로 자 눈금을 수놓아주세요.
3. 자 밑에는 새틴 스티치로 연필과 펜을 수놓아주세요.

실뜯개, 바늘꽂이

• 사용한 원단	면 10수(바탕: 청록색), 린넨(바늘꽂이: 연분홍색)
• 사용한 실	DMC 25번사 371, 729, 754, 3862, ECRU
• 사용한 스티치	일자 감침질, 지그재그 감침질, 새틴 스티치, 스트레이트 스티치, 프렌치 노트 스티치

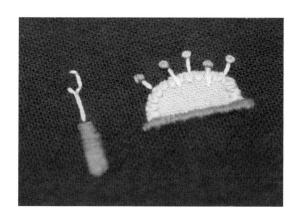

1. 실뜯개 모양을 수성펜으로 미리 그려놓고 3862번 실로 실뜯개 손잡이를 채워주세요.
2. ECRU 실로 실뜯개 부분을 수놓아주세요.
3. 연분홍색 천을 오려서 위쪽은 754번 실로 지그재그 감침질, 아래쪽은 3862번 실로 일자 감침질을 해서 아플리케 해주세요.
4. 바늘꽂이에 꽂힌 시침핀도 수놓아주세요.

바늘집, 분무기

• 사용한 원단	면 10수(바탕: 청록색, 바늘집: 연두색), 면 20수(분무기: 하늘색)
• 사용한 실	DMC 25번사 371, 754, 924, 3752, ECRU
• 사용한 스티치	버튼홀 스티치, 지그재그 감침질, 러닝 스티치, 백 스티치, 새틴 스티치, 스트레이트 스티치, 프렌치 노트 스티치

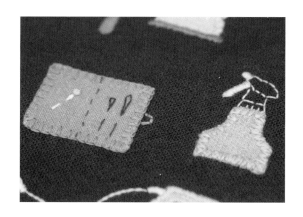

1. 연두색 천을 버튼홀 스티치(371번 실)로 아플리케 해주고, 안에 시침핀과 바늘을 수놓아 바늘집을 표현해주세요.
2. 하늘색 천을 도안 모양대로 오려서 지그재그 감침질(3752번 실)을 해주고, 위쪽은 ECRU 실로 분무기 위쪽을 수놓아주세요.

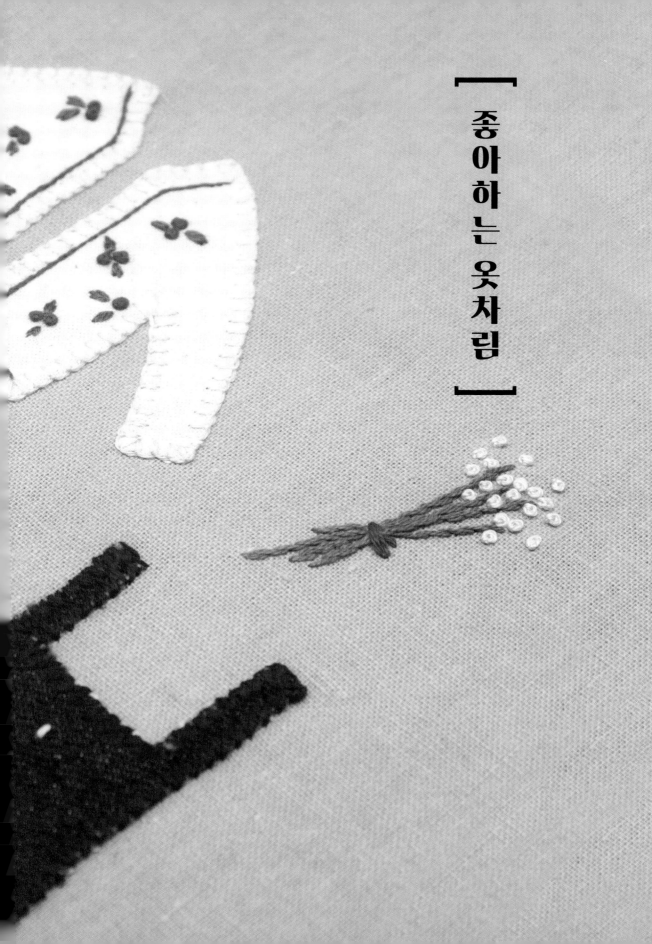

좋아하는 옷차림

봄날 산책

따뜻한 햇살, 조금씩 돋아나는 새싹, 시원한 바람이 부는 봄은
자꾸 산책 나가고 싶어지는 계절입니다.
산책에 나설 때 즐겨 입는 청재킷과 야구모자,
편한 운동화와 가벼운 에코백을 함께 수놓아보세요.

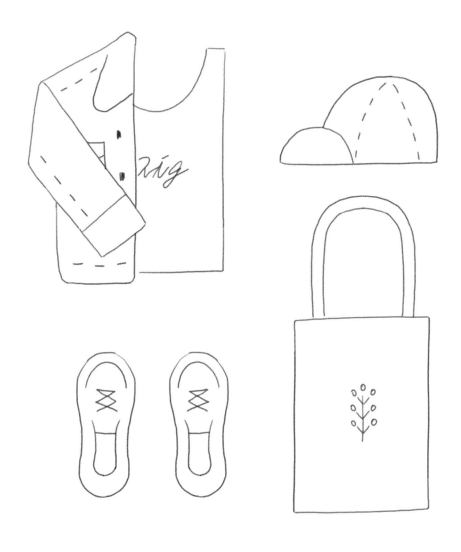

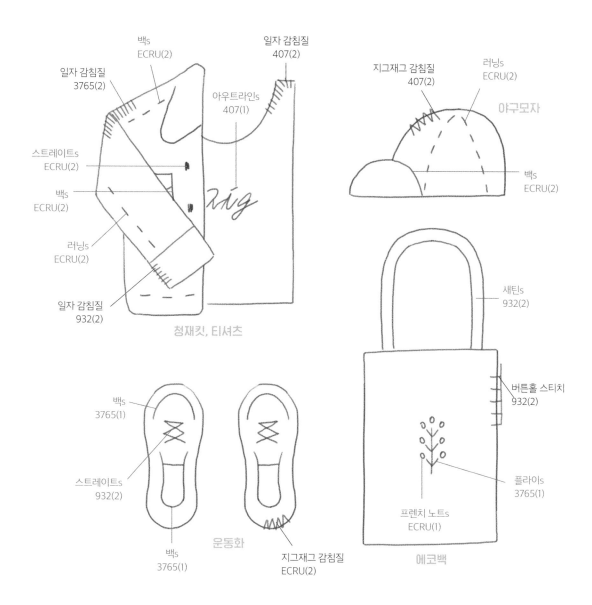

백s
ECRU(2)

일자 감침질
407(2)

일자 감침질
3765(2)

아우트라인s
407(1)

지그재그 감침질
407(2)

러닝s
ECRU(2)

야구모자

스트레이트s
ECRU(2)

백s
ECRU(2)

백s
ECRU(2)

러닝s
ECRU(2)

일자 감침질
932(2)

청재킷, 티셔츠

새틴s
932(2)

백s
3765(1)

버튼홀 스티치
932(2)

스트레이트s
932(2)

플라이s
3765(1)

백s
3765(1)

운동화

지그재그 감침질
ECRU(2)

프렌치 노트s
ECRU(1)

에코백

빨간색 글씨 - 아플리케, 갈색 글씨 - 자수(아플리케를 먼저 작업한 뒤 수놓아주세요.)

＊ 도안 설명은 스티치 → 실 번호 → (실의 가닥 수)로 표기했습니다.
예) 스트레이트s 3862(2) : 3862번 실 2가닥으로 스트레이트 스티치를 합니다.

청재킷, 티셔츠

• 사용한 원단	린넨(바탕: 연노란색, 티셔츠: 분홍색), 청지(청재킷: 중청색)
• 사용한 실	DMC 25번사 407, 932, 3765, ECRU
• 사용한 스티치	일자 감침질, 러닝 스티치, 백 스티치, 스트레이트 스티치, 아웃라인 스티치

1. 바탕천 위에 분홍색 천을 티셔츠 모양으로 오려서 가장자리를 일자 감침질(407번 실)로 아플리케 해주세요.
2. 청지를 도안대로 잘라서 티셔츠 위에 고정해주고, 3765번 실을 이용해서 청재킷을 일자 감침질로 아플리케 해주세요.
3. 소매 끝은 청지를 조금 접어 올려서 일자 감침질(932번 실)로 아플리케 해주세요.
4. 티셔츠 안 꾸밈 문구는 아웃라인 스티치(407번 실)로 수놓아주세요.

야구모자

• 사용한 원단	린넨(바탕: 연노란색, 야구모자: 진분홍색)
• 사용한 실	DMC 25번사 407, ECRU
• 사용한 스티치	지그재그 감침질, 러닝 스티치, 백 스티치

1. 진분홍색 천을 야구모자 모양으로 오려서 가장자리를 407번 실로 지그재그 감침질해주세요.
2. 모자 안은 ECRU 실로 세부적인 부분을 수놓아주세요.
3. 모자캡 부분은 백 스티치(ECRU 실)로 수놓아주세요.

운동화

• 사용한 원단	린넨(바탕: 연노란색, 운동화: 흰색)
• 사용한 실	DMC 25번사 932, 3765, ECRU
• 사용한 스티치	지그재그 감침질, 백 스티치, 스트레이트 스티치

1. 운동화 양쪽 모두 아플리케 해주세요(지그재그 감침질, ECRU 실).
2. 3765번 실로 운동화 안쪽을 수놓고, 932번 실로 운동화 끈을 표현해주세요.

에코백

• 사용한 원단	린넨(바탕: 연노란색), 면 20수(가방: 하늘색)
• 사용한 실	DMC 25번사 932, 3765, ECRU
• 사용한 스티치	버튼홀 스티치, 새틴 스티치, 프렌치 노트 스티치, 플라이 스티치

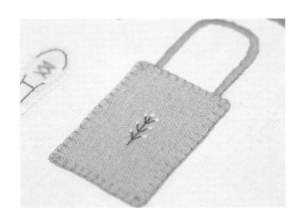

1. 하늘색 천을 사각형으로 오려서 가장자리를 버튼홀 스티치 해주세요(932번 실).
2. 같은 색상의 932번 실로 가방끈을 새틴 스티치로 채워주세요.
3. 플라이 스티치(3765번 실)와 프렌치 노트 스티치(ECRU 실)로 가방 안쪽을 꾸며주세요.

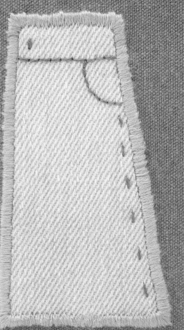

꽃놀이

여기저기서 들려오는 봄꽃 소식에
꽃놀이 갈 준비를 합니다.
가벼운 옷차림으로 집을 나서서
친구를 만나 즐거운 대화를 나누고 예쁜 꽃도 보며 보냈던
즐거운 날을 추억하며 그날의 옷차림을 기록했어요.

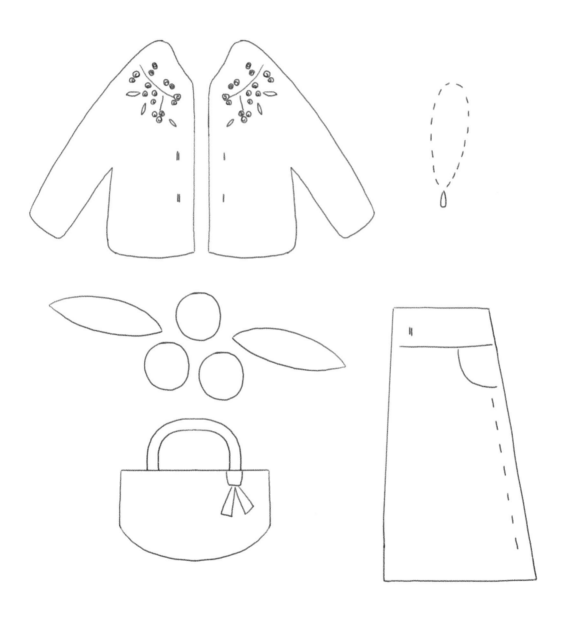

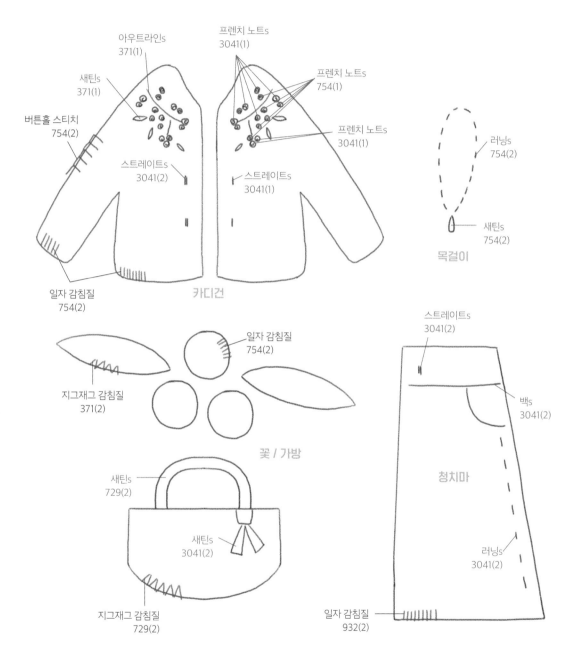

아우트라인s
371(1)

프렌치 노트s
3041(1)

프렌치 노트s
754(1)

새틴s
371(1)

버튼홀 스티치
754(2)

프렌치 노트s
3041(1)

러닝s
754(2)

스트레이트s
3041(2)

스트레이트s
3041(1)

새틴s
754(2)

목걸이

일자 감침질
754(2)

카디건

스트레이트s
3041(2)

일자 감침질
754(2)

지그재그 감침질
371(2)

백s
3041(2)

꽃 / 가방

청치마

새틴s
729(2)

새틴s
3041(2)

러닝s
3041(2)

지그재그 감침질
729(2)

일자 감침질
932(2)

빨간색 글씨 - 아플리케, 갈색 글씨 - 자수(아플리케를 먼저 작업한 뒤 수놓아주세요.)

* 도안 설명은 스티치 → 실 번호 → (실의 가닥 수)로 표기했습니다.
예) 스트레이트s 3862(2) : 3862번 실 2가닥으로 스트레이트 스티치를 합니다.

카디건

• 사용한 원단	면 10수(바탕: 연보라색), 린넨(카디건: 흰색)
• 사용한 실	DMC 25번사 371, 754, 3041
• 사용한 스티치	버튼홀 스티치, 일자 감침질, 새틴 스티치, 스트레이트 스티치, 아웃라인 스티치, 프렌치 노트 스티치

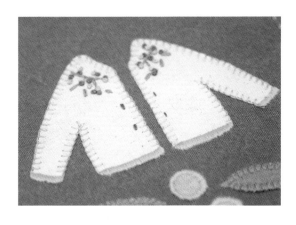

1. 흰색 천을 카디건 도안대로 오려낸 후 버튼홀 스티치 (754번 실)로 가장자리를 아플리케 해주세요. 이때 카디건 밑단은 일자 감침질로 해주세요.
2. 아플리케 후 3041번, 754번, 371번 실로 카디건을 꾸며주세요.

꽃 / 가방

• 사용한 원단	면 10수(바탕: 연보라색, 잎: 연두색), 린넨(꽃: 연분홍색), 면 20수(가방: 노란색)
• 사용한 실	DMC 25번사 371, 729, 754, 3041
• 사용한 스티치	일자 감침질, 지그재그 감침질, 새틴 스티치

꽃
1. 연분홍색 천을 동그랗게 3개 오려서 아플리케(일자 감침질, 754번 실) 해주세요.
2. 연두색 천을 잎 모양으로 2개 오려서 지그재그 감침질(371번 실)로 아플리케 해주세요.

가방
1. 노란색 천을 도안 모양대로 오려서 가장자리를 729번 실로 지그재그 감침질해주세요.
2. 이어서 가방 손잡이 부분을 새틴 스티치(729번 실)로 채워주세요.
3. 손잡이 한쪽에 3041번 실로 리본을 수놓아주세요.

목걸이

• 사용한 원단	면 10수(바탕: 연보라색)
• 사용한 실	DMC 25번사 754
• 사용한 스티치	러닝 스티치, 새틴 스티치

1. 바탕천에 수성펜으로 목걸이를 그려주고 754번 실로 러닝 스티치와 새틴 스티치로 수놓아주세요.
2. 새틴 스티치 부분에 갖고 있는 비즈나 단추로 대체해도 좋아요.

청치마

• 사용한 원단	면 10수(바탕: 연보라색), 청지(청치마: 연청색)
• 사용한 실	DMC 25번사 932, 3041
• 사용한 스티치	일자 감침질, 러닝 스티치, 백 스티치, 스트레이트 스티치

1. 바탕천 위에 연한 청지를 반으로 접은 치마 형태로 오려서 가장자리를 일자 감침질로 아플리케 해주세요(932번 실).
2. 청치마 안쪽은 3041번 실로 박음질을 표현해주세요.

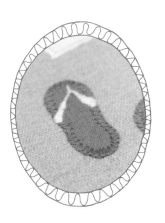

여름휴가

여름이 시작되면 휴가를 떠날 생각에 설레요.
휴가를 길게 보낼 수 있는 여건이 안 돼서
해외여행이나 장기간 여행을 가보지는 못했지만
짧은 휴가 동안 숲, 계곡, 바다에 머물면서
사진도 찍으며 시간을 보내도 좋은 것 같아요.
여러분의 휴가 모습은 어떤가요?

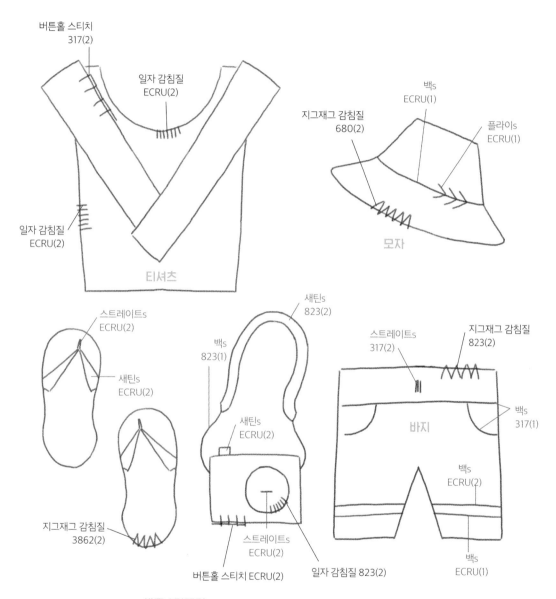

버튼홀 스티치
317(2)

일자 감침질
ECRU(2)

일자 감침질
ECRU(2)

티셔츠

지그재그 감침질
680(2)

백s
ECRU(1)

플라이s
ECRU(1)

모자

스트레이트s
ECRU(2)

새틴s
ECRU(2)

지그재그 감침질
3862(2)

새틴s
823(2)

백s
823(1)

새틴s
ECRU(2)

스트레이트s
ECRU(2)

버튼홀 스티치 ECRU(2)

일자 감침질 823(2)

스트레이트s
317(2)

지그재그 감침질
823(2)

백s
317(1)

바지

백s
ECRU(2)

백s
ECRU(1)

샌들 / 카메라

빨간색 글씨 - 아플리케, 갈색 글씨 - 자수(아플리케를 먼저 작업한 뒤 수놓아주세요.)

* 도안 설명은 스티치 → 실 번호 → (실의 가닥 수)로 표기했습니다.
예) 스트레이트s 3862(2) : 3862번 실 2가닥으로 스트레이트 스티치를 합니다.

티셔츠

• 사용한 원단	면 20수(바탕: 하늘색, 카디건: 청색), 린넨(티셔츠: 흰색)
• 사용한 실	DMC 25번사 317, ECRU
• 사용한 스티치	버튼홀 스티치, 일자 감침질

1. 흰색 천을 도안대로 오려서 바탕천 위에 올려놓고 그 위로 청색 천을 오려서 고정해주세요.
2. 흰색 티셔츠는 일자 감침질(ECRU 실)로 가장자리를 아플리케 해줍니다.
3. 청색 천은 버튼홀 스티치(317번 실)로 아플리케 해서 어깨에 두른 카디건을 표현해줍니다.

모자

• 사용한 원단	면 20수(바탕: 하늘색, 모자: 노란색)
• 사용한 실	DMC 25번사 680, ECRU
• 사용한 스티치	지그재그 감침질, 백 스티치, 플라이 스티치

1. 바탕천 위에 노란색 천을 모자 모양으로 오려서 아플리케 해주세요(지그재그 감침질, 680번 실).
2. ECRU 실로 모자 안을 백 스티치와 플라이 스티치로 꾸며주세요.

샌들/카메라

• 사용한 원단	면 20수(바탕: 하늘색, 신발: 연갈색, 렌즈: 남색), 린넨(카메라: 흰색)
• 사용한 실	DMC 25번사 823, 3862, ECRU
• 사용한 스티치	버튼홀 스티치, 일자 감침질, 지그재그 감침질, 백 스티치, 새틴 스티치, 스트레이트 스티치

샌들

1. 연갈색 천을 도안대로 오려주고 3862번 실을 이용해서 가장자리를 지그재그 감침질을 해주세요.
2. 샌들 안은 ECRU 실로 수놓아서 샌들을 완성해주세요.

카메라

1. 흰색 천을 아플리케 한 후(버튼홀 스티치, ECRU 실) 그 위로 남색 천으로 카메라 렌즈를 표현해주세요(일자 감침질, 823번 실).
2. 823번 실로 카메라 끈을 수놓아주세요.

바지

• 사용한 원단	면 20수(바탕: 하늘색, 바지: 남색)
• 사용한 실	DMC 25번사 317, 823, ECRU
• 사용한 스티치	지그재그 감침질, 백 스티치, 스트레이트 스티치

1. 남색 천을 바지 모양으로 오려서 823번 실을 사용해 지그재그 감침질을 해주세요.
2. 바지 안에 317번 실과 ECRU 실로 주머니 부분과 밑단 꾸밈을 수놓아주세요.

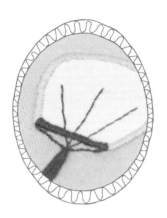

무더운 여름날

더위를 많이 타는 저에게 여름에는
시원한 옷차림, 부채, 아이스크림은 필수예요.
뜨거운 햇볕 아래 잠시만 있어도 얼굴이 달아오르고 땀이 흐르지만
여름에만 누릴 수 있는 것들로 달래면서 보낸답니다.
나만의 여름 옷차림을 아플리케 자수로 표현해보세요.

수놓는 법

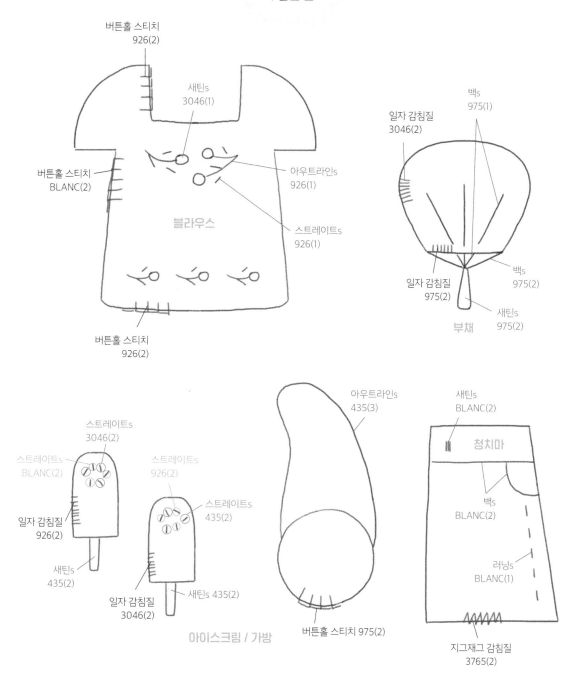

버튼홀 스티치
926(2)

새틴s
3046(1)

백s
975(1)

일자 감침질
3046(2)

버튼홀 스티치
BLANC(2)

아웃라인s
926(1)

스트레이트s
926(1)

블라우스

일자 감침질
975(2)

백s
975(2)

새틴s
975(2)

부채

버튼홀 스티치
926(2)

스트레이트s
3046(2)

스트레이트s
BLANC(2)

스트레이트s
926(2)

아웃라인s
435(3)

새틴s
BLANC(2)

청치마

스트레이트s
435(2)

백s
BLANC(2)

일자 감침질
926(2)

새틴s
435(2)

일자 감침질
3046(2)

새틴s 435(2)

러닝s
BLANC(1)

아이스크림 / 가방

버튼홀 스티치 975(2)

지그재그 감침질
3765(2)

빨간색 글씨 - 아플리케, 갈색 글씨 - 자수(아플리케를 먼저 작업한 뒤 수놓아주세요.)

* 도안 설명은 스티치 → 실 번호 → (실의 가닥 수)로 표기했습니다.
예) 스트레이트s 3862(2) : 3862번 실 2가닥으로 스트레이트 스티치를 합니다.

블라우스

· 사용한 원단	면 10수(바탕: 민트색), 린넨(블라우스: 흰색)
· 사용한 실	DMC 25번사 926, 3046, BLANC
· 사용한 스티치	버튼홀 스티치, 새틴 스티치, 스트레이트 스티치, 아웃라인 스티치

1. 흰색 천을 도안대로 오려낸 후 목둘레와 밑단 부분을 버튼홀 스티치(926번 실) 해주세요.
2. 남은 부분은 BLANC 실로 버튼홀 스티치 해줍니다.
3. 926번, 3046번 실로 블라우스 안을 꾸며주세요.

부채

· 사용한 원단	면 10수(바탕: 민트색), 린넨(부채: 연노란색)
· 사용한 실	DMC 25번사 975, 3046
· 사용한 스티치	일자 감침질, 백 스티치, 새틴 스티치

1. 바탕천 위에 연노란색 천을 도안대로 오려서 고정해 주세요.
2. 부채 밑부분을 제외하고 3046번 실로 일자 감침질을 해주세요.
3. 밑부분은 975번 실로 일자 감침질을 해주세요.
4. 부채 안쪽과 손잡이도 975번 실로 수놓아주세요.

아이스크림 / 가방

- **사용한 원단**   면 10수(바탕: 민트색), 면 20수(아이스크림: 짙은 민트색, 가방: 주황색), 린넨(아이스크림: 연노란색)
- **사용한 실**   DMC 25번사 435, 926, 975, 3046, BLANC
- **사용한 스티치**   버튼홀 스티치, 일자 감침질, 새틴 스티치, 스트레이트 스티치, 아웃라인 스티치

아이스크림

1. 아이스크림 도안으로 짙은 민트색(926번 실)과 연노란색(3046번 실)을 하나씩 일자 감침질로 아플리케 해주세요.
2. 435번 실로 아이스크림 막대기를 새틴 스티치로 채워주고, 435번, 926번, 3046번, BLANC 실로 아이스크림 안을 꾸며주세요.

가방

1. 주황색 천을 동그랗게 오리고 주황색 천보다 짙은 975번 실로 아플리케 해주세요(버튼홀 스티치).
2. 435번 실 3가닥으로는 가방끈을 수놓아주세요.

청치마

- **사용한 원단**   면 10수(바탕: 민트색), 청지(청치마: 중청색)
- **사용한 실**   DMC 25번사 3765, BLANC
- **사용한 스티치**   지그재그 감침질, 러닝 스티치, 백 스티치, 새틴 스티치

1. 바탕천 위에 청지를 반으로 접은 치마 형태로 오려서 가장자리를 지그재그 감침질로 아플리케 해주세요(3765번 실).
2. BLANC 실로 청치마 안쪽을 박음질로 표현해주세요.

가을 나들이

무더웠던 여름이 지나가고 선선해진 공기가 맴도는 가을이 찾아옵니다.

저는 사계절 중 가을을 가장 좋아해요.

어쩌면 좋아하는 카디건을 마음껏 입을 수 있는 계절이라는 것이

가장 큰 이유일지도 모르겠네요.

설레는 마음으로 맞이한 가을을 수놓아보세요.

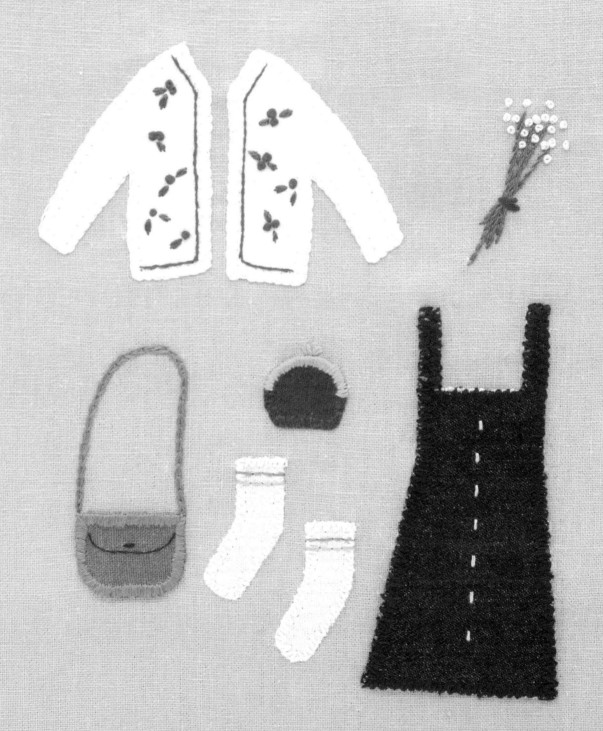

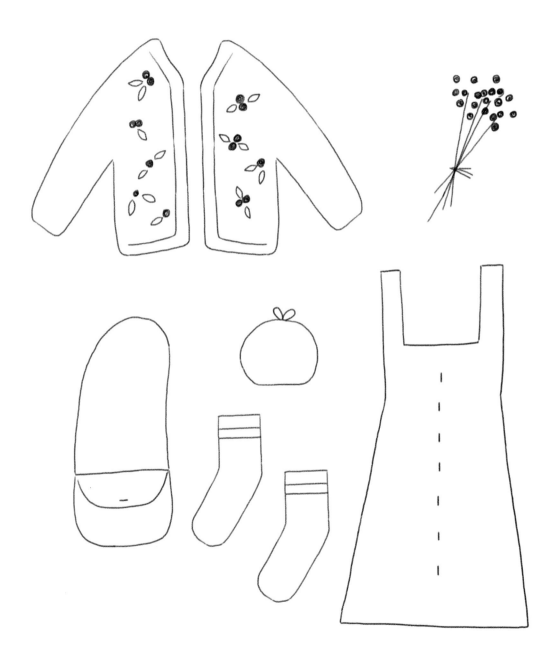

수놓는 법

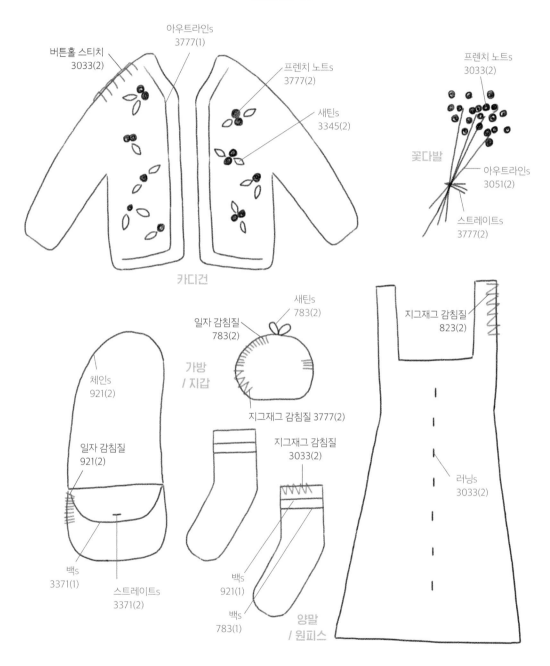

버튼홀 스티치
3033(2)

아우트라인s
3777(1)

프렌치 노트s
3777(2)

새틴s
3345(2)

카디건

프렌치 노트s
3033(2)

꽃다발

아우트라인s
3051(2)

스트레이트s
3777(2)

새틴s
783(2)

일자 감침질
783(2)

지그재그 감침질
823(2)

가방
/ 지갑

체인s
921(2)

지그재그 감침질 3777(2)

일자 감침질
921(2)

지그재그 감침질
3033(2)

러닝s
3033(2)

백s
3371(1)

스트레이트s
3371(2)

백s
921(1)

백s
783(1)

양말
/ 원피스

빨간색 글씨 - 아플리케, 갈색 글씨 - 자수(아플리케를 먼저 작업한 뒤 수놓아주세요.)

* 도안 설명은 스티치 → 실 번호 → (실의 가닥 수)로 표기했습니다.
예) 스트레이트s 3862(2) : 3862번 실 2가닥으로 스트레이트 스티치를 합니다.

카디건

• 사용한 원단	면 10수(바탕: 노란색), 린넨(카디건: 흰색)
• 사용한 실	DMC 25번사 3033, 3345, 3777
• 사용한 스티치	버튼홀 스티치, 새틴 스티치, 아우트라인 스티치, 프렌치 노트 스티치

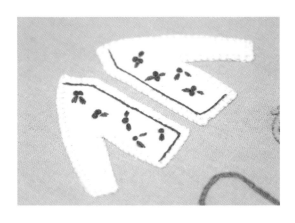

1. 흰색 천을 카디건 도안대로 오려낸 후 버튼홀 스티치 (3033번 실)로 가장자리를 아플리케 해줍니다.
2. 아플리케 후 3777번 실과 3345번 실로 카디건을 꾸며주세요.

꽃다발

• 사용한 원단	면 10수(바탕: 노란색)
• 사용한 실	DMC 25번사 3033, 3051, 3777
• 사용한 스티치	스트레이트 스티치, 아우트라인 스티치, 프렌치 노트 스티치

1. 3051번 실로 꽃줄기를 수놓은 뒤 3033번 실로 꽃을 수놓아주세요.
2. 마무리로 3777번 실로 리본을 표현해주세요.

가방 / 지갑

• 사용한 원단	면 10수(바탕: 노란색), 린넨(가방: 주황색, 지갑: 붉은색)
• 사용한 실	DMC 25번사 783, 921, 3371, 3777
• 사용한 스티치	일자 감침질, 지그재그 감침질, 백 스티치, 새틴 스티치, 스트레이트 스티치, 체인 스티치

가방

1. 주황색 천을 가방 모양으로 오려낸 후 가장자리를 일자 감침질(921번 실)로 아플리케 해주세요.
2. 가방끈은 921번 실로 체인 스티치 해주세요.
3. 안쪽 세부 표현은 3371번 실로 수놓아주세요.

지갑

1. 붉은색 천을 지갑 모양으로 오려낸 후 아래 부분은 지그재그 감침질(3777번 실)로 아플리케 해주세요.
2. 남은 윗부분은 일자 감침질(783번 실)로 아플리케 해주세요.
3. 프레임 부분은 783번 실로 표현해주세요.

양말 / 원피스

• 사용한 원단	면 10수(바탕: 노란색), 린넨(양말: 흰색), 청지(원피스: 진청색)
• 사용한 실	DMC 25번사 783, 823, 921, 3033
• 사용한 스티치	지그재그 감침질, 러닝 스티치, 백 스티치

양말

1. 흰색 천을 양말 모양으로 오려낸 후 지그재그 감침질(3033번 실)로 아플리케 해주세요.
2. 921번 실과 783번 실로 양말 안쪽을 꾸며주세요.

원피스

1. 진청색 청지를 원피스 모양으로 오려낸 후 가장자리를 지그재그 감침질(823번 실)로 아플리케 해주세요.
2. 3033번 실로 단추를 수놓아주세요.

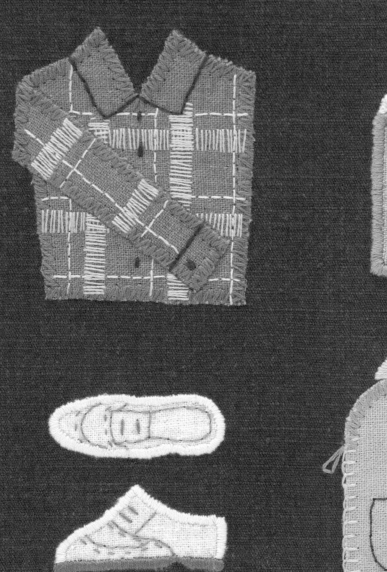
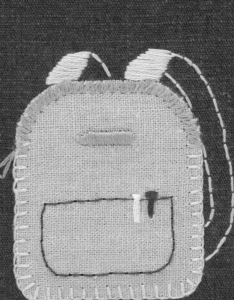

도서관 탐방

책을 많이 읽는 편은 아니지만 시간이 될 때마다 조금씩 읽고 있어요.

걷기 좋은 날씨가 계속되는 가을에는 도서관까지 걸어서 가는데,

도서관에서 다양한 분야와 오래된 책들을 구경하는 시간을 좋아해요.

선선한 바람을 쐬러 나가는 가을의 옷차림을 함께 표현해보세요.

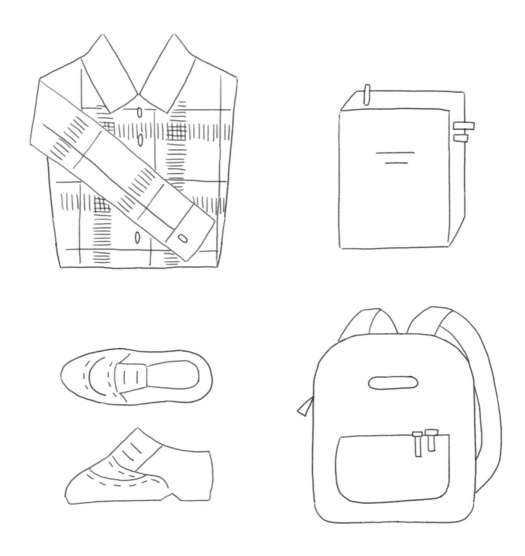

수놓는 법

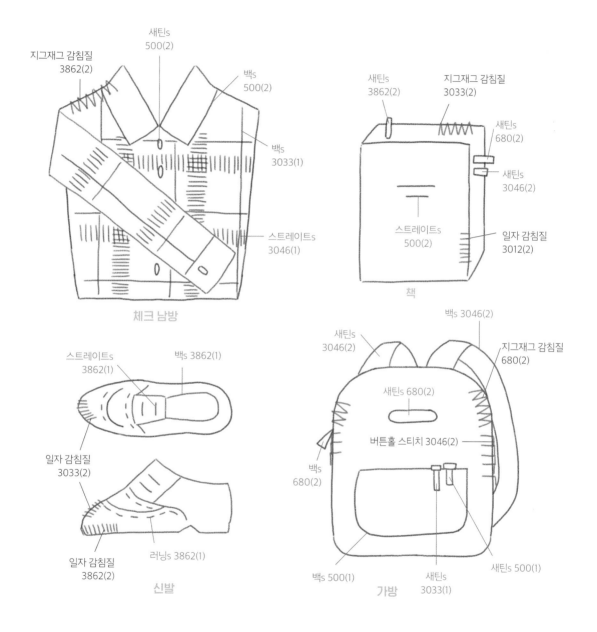

새틴s
500(2)

지그재그 감침질
3862(2)

백s
500(2)

백s
3033(1)

스트레이트s
3046(1)

체크 남방

새틴s
3862(2)

지그재그 감침질
3033(2)

새틴s
680(2)

새틴s
3046(2)

스트레이트s
500(2)

일자 감침질
3012(2)

책

스트레이트s
3862(1)

백s 3862(1)

일자 감침질
3033(2)

일자 감침질
3862(2)

러닝s 3862(1)

신발

새틴s
3046(2)

백s 3046(2)

지그재그 감침질
680(2)

새틴s 680(2)

버튼홀 스티치 3046(2)

백s
680(2)

백s 500(1)

새틴s
3033(1)

새틴s 500(1)

가방

빨간색 글씨 - 아플리케, 갈색 글씨 - 자수(아플리케를 먼저 작업한 뒤 수놓아주세요.)

* 도안 설명은 스티치 → 실 번호 → (실의 가닥 수)로 표기했습니다.
예) 스트레이트s 3862(2) : 3862번 실 2가닥으로 스트레이트 스티치를 합니다.

체크 남방

• 사용한 원단	면 10수(바탕: 짙은 초록색), 면 20수(남방: 연갈색)
• 사용한 실	DMC 25번사 500, 3033, 3046, 3862
• 사용한 스티치	지그재그 감침질, 백 스티치, 새틴 스티치, 스트레이트 스티치

1. 남방의 몸 부분을 먼저 잘라서 고정해주고 그 위로 팔 부분을 고정해주세요.
2. 지그재그 감침질(3862번 실)로 아플리케 해주세요.
3. 500번 실로 옷깃과 소맷단, 단추를 수놓아주세요.
4. 3033번 실과 3046번 실로 체크무늬를 표현해주세요.

책

• 사용한 원단	면 10수(바탕: 짙은 초록색, 책: 연두색), 면 20수(종이: 흰색)
• 사용한 실	DMC 25번사 500, 680, 3012, 3033, 3046, 3862
• 사용한 스티치	일자 감침질, 지그재그 감침질, 새틴 스티치, 스트레이트 스티치

1. 흰색 천으로 종이 부분을 먼저 아플리케(지그재그 감침질, 3033번 실) 해주세요.
2. 그 위로 연두색 천을 일자 감침질로 아플리케 해주세요(3012번 실).
3. 책 안에는 500번 실로 스트레이트 스티치해주세요.
4. 3862번, 680번, 3046번 실로 책갈피를 수놓아주세요.

신발

• 사용한 원단	면 10수(바탕: 짙은 초록색), 면 20수(신발: 흰색)
• 사용한 실	DMC 25번사 3033, 3862
• 사용한 스티치	일자 감침질, 러닝 스티치, 백 스티치, 스트레이트 스티치

1. 흰색 천을 도안대로 오려낸 후 일자 감침질(3033번 실)로 아플리케 해주세요.
2. 신발 옆 모양의 도안에서 신발 굽은 3862번 실로 일자 감침질을 해주세요.
3. 신발 안쪽은 3862번 실로 세부적인 표현을 수놓아주세요.

가방

• 사용한 원단	면 10수(바탕: 짙은 초록색), 면 20수(가방: 노란색)
• 사용한 실	DMC 25번사 500, 680, 3033, 3046
• 사용한 스티치	버튼홀 스티치, 지그재그 감침질, 백 스티치, 새틴 스티치

1. 바탕천 위에 노란색 천을 도안대로 오려서 고정해주세요.
2. 가방 아래쪽은 3046번 실로 버튼홀 스티치를 해주고 위쪽 지퍼 있는 부분은 680번 실로 지그재그 감침질을 해주세요.
3. 새틴 스티치와 백 스티치로 가방끈을 수놓아주세요 (3046번 실).
4. 500번 실로 가방 앞주머니도 수놓아주세요.

니트의 계절

찬바람이 불기 시작하고 겨울이 찾아오면 포근한 니트를 즐겨 입어요.

귀여운 무늬가 있는 니트, 따뜻한 모자와 목도리,

발을 감싸주는 니트 양말까지 아플리케 자수로 수놓았어요.

니트의 포근한 느낌을 살리기 위해 펠트지를 사용했습니다.

113

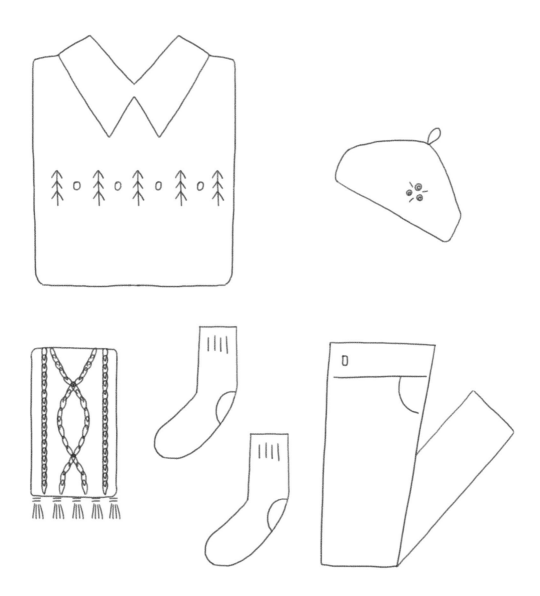

수놓는 법

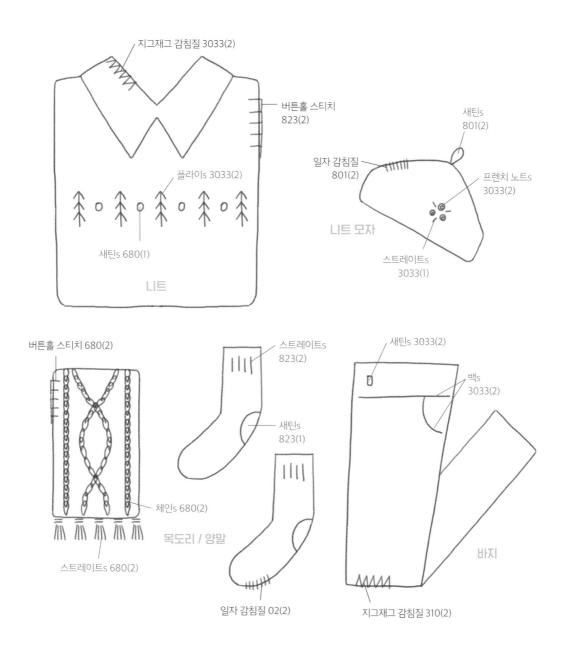

지그재그 감침질 3033(2)

버튼홀 스티치
823(2)

플라이s 3033(2)

새틴s 680(1)

니트

새틴s
801(2)

일자 감침질
801(2)

프렌치 노트s
3033(2)

스트레이트s
3033(1)

니트 모자

버튼홀 스티치 680(2)

스트레이트s
823(2)

새틴s 3033(2)

백s
3033(2)

새틴s
823(1)

체인s 680(2)

목도리 / 양말

스트레이트s 680(2)

일자 감침질 02(2)

지그재그 감침질 310(2)

바지

빨간색 글씨 - 아플리케, 갈색 글씨 - 자수(아플리케를 먼저 작업한 뒤 수놓아주세요.)

* 도안 설명은 스티치 → 실 번호 → (실의 가닥 수)로 표기했습니다.
예) 스트레이트s 3862(2) : 3862번 실 2가닥으로 스트레이트 스티치를 합니다.

니트

• 사용한 원단	면 20수(바탕: 연갈색, 옷깃: 흰색), 얇은 펠트지(니트: 남색)
• 사용한 실	DMC 25번사 680, 823, 3033
• 사용한 스티치	버튼홀 스티치, 지그재그 감침질, 새틴 스티치, 플라이 스티치

1. 바탕천 위에 남색 펠트지를 오려서 고정해주고 그 위로 흰색 천을 옷깃 모양으로 오려서 고정해주세요.
2. 남색 펠트지는 버튼홀 스티치(823번 실)로 아플리케 해주세요.
3. 옷깃은 지그재그 감침질(3033번 실)을 해주세요.
4. 펠트지 위에 3033번, 680번 실로 수놓아 니트를 꾸며주세요.

니트 모자

• 사용한 원단	면 20수(바탕: 연갈색), 얇은 펠트지(니트 모자: 갈색)
• 사용한 실	DMC 25번사 801, 3033
• 사용한 스티치	일자 감침질, 새틴 스티치, 스트레이트 스티치, 프렌치 노트 스티치

1. 갈색 펠트지를 도안대로 오려서 801번 실로 일자 감침질해서 아플리케 해주세요.
2. 모자 안은 3033번 실로 꾸며주세요.

목도리 / 양말

• 사용한 원단	면 20수(바탕: 연갈색), 얇은 펠트지(목도리: 노란색, 양말: 회색)
• 사용한 실	DMC 25번사 02, 680, 823
• 사용한 스티치	버튼홀 스티치, 일자 감침질, 새틴 스티치, 스트레이트 스티치, 체인 스티치

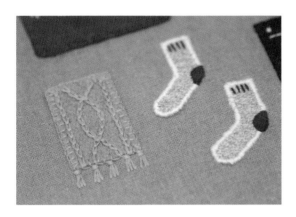

목도리

1. 노란색 펠트지를 사각형으로 잘라서 버튼홀 스티치로 아플리케 해주세요(680번 실).
2. 체인 스티치로 뜨개 부분을 표현하고, 스트레이트 스티치로 밑부분 매듭과 술을 수놓아주세요.

양말

1. 회색 펠트지를 양말 모양으로 2개 준비해서 바탕천 위에 아플리케 해줍니다(일자 감침질, 02번 실).
2. 823번 실로 양말을 꾸며주세요.

바지

• 사용한 원단	면 20수(바탕: 연갈색, 바지: 검은색)
• 사용한 실	DMC 25번사 310, 3033
• 사용한 스티치	지그재그 감침질, 백 스티치, 새틴 스티치

1. 바탕천 위에 검은색 천을 도안대로 오려서 아플리케 해주세요(지그재그 감침질, 310번 실).
2. 3033번 실로 바지 단추와 주머니를 수놓아주세요.

연말 파티

새해가 시작됐을 땐 긴 시간이 남은 것 같았지만 1년은 금세 지나가버립니다.

자칫하면 허무함과 계획했던 일을 완벽하게 해내지 못했다는 자책감이 들 수 있어요.

하지만 한 해 동안 열심히 살았던 스스로를 대견해하며

가까운 사람들과 좋은 시간을 보내는 것도 좋을 것 같아요.

마음껏 꾸미고 연말 파티에 가는 모습을 기록해보세요.

수놓는 법

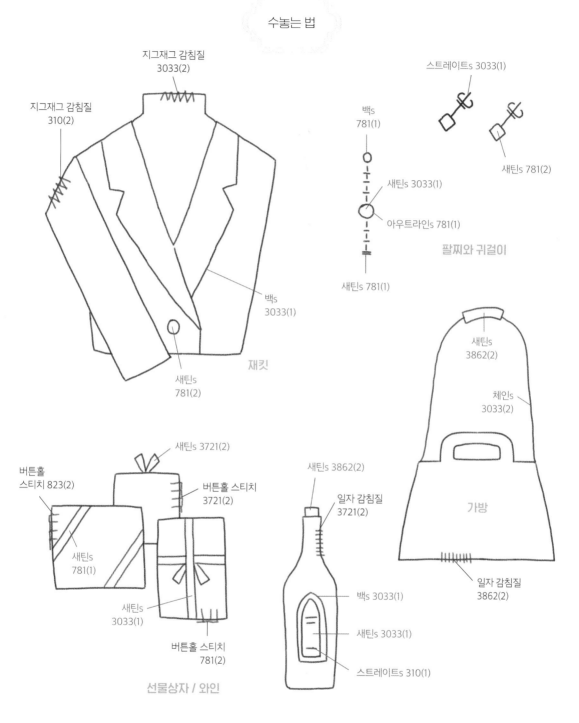

지그재그 감침질
3033(2)

지그재그 감침질
310(2)

백s
3033(1)

새틴s
781(2)

재킷

스트레이트s 3033(1)

백s
781(1)

새틴s 3033(1)

아웃트라인s 781(1)

새틴s 781(2)

새틴s 781(1)

팔찌와 귀걸이

새틴s
3862(2)

체인s
3033(2)

가방

새틴s 3721(2)

버튼홀
스티치 823(2)

버튼홀 스티치
3721(2)

새틴s
781(1)

새틴s
3033(1)

버튼홀 스티치
781(2)

선물상자 / 와인

새틴s 3862(2)

일자 감침질
3721(2)

백s 3033(1)

새틴s 3033(1)

스트레이트s 310(1)

일자 감침질
3862(2)

빨간색 글씨 - 아플리케, 갈색 글씨 - 자수(아플리케를 먼저 작업한 뒤 수놓아주세요.)

* 도안 설명은 스티치 → 실 번호 → (실의 가닥 수)로 표기했습니다.
예) 스트레이트s 3862(2) : 3862번 실 2가닥으로 스트레이트 스티치를 합니다.

재킷

• 사용한 원단	면 10수(바탕: 검은색), 면 20수(재킷: 체크, 상의: 아이보리색)
• 사용한 실	DMC 25번사 310, 781, 3033
• 사용한 스티치	지그재그 감침질, 백 스티치, 새틴 스티치

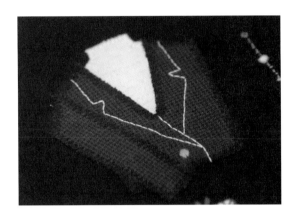

1. 아이보리색 천으로 상의를 먼저 아플리케(지그재그 감침질, 3033번 실) 해주세요.
2. 위로 체크무늬 천을 몸 부분 먼저 오려서 올려두고, 그 위로 팔 부분을 오려서 고정해주세요. 그리고 310번 실로 지그재그 감침질을 해주세요.
3. 3033번 실로 재킷 옷깃을 수놓고, 781번 실로 단추를 수놓아주세요.

팔찌와 귀걸이

• 사용한 원단	면 10수(바탕: 검은색)
• 사용한 실	DMC 25번사 781, 3033
• 사용한 스티치	백 스티치, 새틴 스티치, 스트레이트 스티치, 아우트라인 스티치

1. 3033번, 781번 실로 팔찌와 귀걸이를 수놓아주세요.
2. 갖고 있는 비즈나 단추를 활용해도 좋아요.

선물상자 / 와인

- **사용한 원단** 면 10수(바탕: 검은색), 면 20수(선물상자: 체크, 흰색, 노란색 | 와인 병: 와인색)
- **사용한 실** DMC 25번사 310, 781, 823, 3033, 3721, 3862
- **사용한 스티치** 버튼홀 스티치, 일자 감침질, 백 스티치, 새틴 스티치, 스트레이트 스티치

선물상자

1. 흰색 천(3721번 실)과 체크무늬 천(823번 실), 노란색 천(781번 실)을 고정해준 뒤 각 상자에 맞는 색 실로 아플리케 해주세요(버튼홀 스티치).
2. 새틴 스티치(781, 3033번 실)로 상자의 리본을 표현해줍니다.

와인

1. 와인색 천을 병 모양으로 오려서 가장자리를 일자 감침질로 아플리케 해주세요(3721번 실).
2. 3862번 실로 코르크 마개를 수놓아주세요.
3. 3033번, 310번 실로는 와인 병을 꾸며주세요.

가방

- **사용한 원단** 면 10수(바탕: 검은색), 인조가죽(가방: 연갈색)
- **사용한 실** DMC 25번사 3033, 3862
- **사용한 스티치** 일자 감침질, 새틴 스티치, 체인 스티치

1. 인조가죽 천을 가방 모양으로 오려서 아플리케(일자 감침질, 3862번 실) 해주세요(인조가죽 대신 갖고 있는 다른 천으로 해도 돼요).
2. 체인 스티치로 가방끈을 수놓아주세요.
3. 가방끈 중앙은 3862번 실로 새틴 스티치해주세요.

좋았던 순간

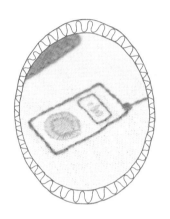

잠깐의 휴식

하루 종일 집에서 일하는 저는 종종 잠시 쉬는 시간에 산책을 다녀와요.

일이 잘 풀리지 않거나 답답했던 마음도 좋아하는 음악을 들으며

동네 작은 공원을 걷다 보면 편안해집니다.

그리고 다시 일을 이어나갈 힘이 생기죠.

그래서 잠깐의 휴식시간을 중요하게 생각합니다.

소소한 행복을 느꼈던 순간을 천과 실들로 표현해보세요.

수놓는 법

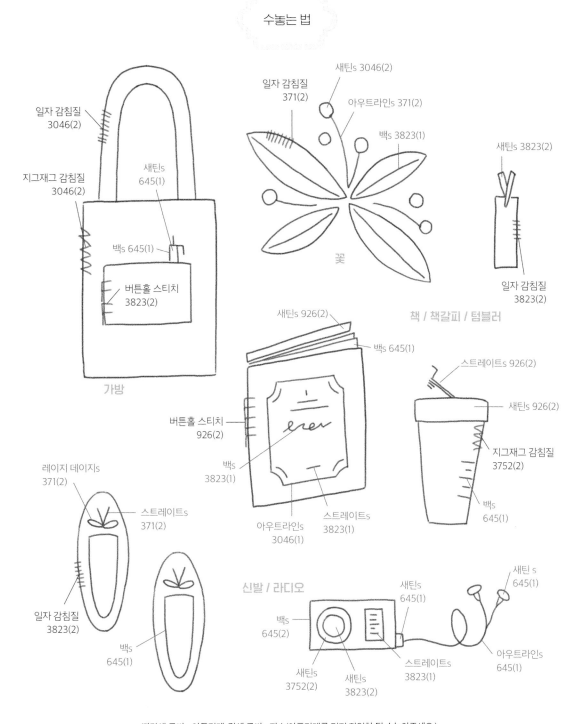

일자 감침질
3046(2)

지그재그 감침질
3046(2)

새틴s
645(1)

백s 645(1)

버튼홀 스티치
3823(2)

가방

일자 감침질
371(2)

새틴s 3046(2)

아웃라인s 371(2)

백s 3823(1)

꽃

새틴s 3823(2)

일자 감침질
3823(2)

책 / 책갈피 / 텀블러

새틴s 926(2)

백s 645(1)

버튼홀 스티치
926(2)

백s
3823(1)

아웃라인s
3046(1)

스트레이트s
3823(1)

스트레이트s 926(2)

새틴s 926(2)

지그재그 감침질
3752(2)

백s
645(1)

레이지 데이지s
371(2)

스트레이트s
371(2)

일자 감침질
3823(2)

백s
645(1)

신발 / 라디오

백s
645(2)

새틴s
3752(2)

새틴s
3823(2)

스트레이트s
3823(1)

새틴s
645(1)

새틴 s
645(1)

아웃라인s
645(1)

빨간색 글씨 - 아플리케, 갈색 글씨 - 자수(아플리케를 먼저 작업한 뒤 수놓아주세요.)

* 도안 설명은 스티치 → 실 번호 → (실의 가닥 수)로 표기했습니다.
예) 스트레이트s 3862(2) : 3862번 실 2가닥으로 스트레이트 스티치를 합니다.

가방

• 사용한 원단	면 20수(바탕: 아이보리색, 가방: 노란색, 가방 주머니: 연노란색)
• 사용한 실	DMC 25번사 645, 3046, 3823
• 사용한 스티치	버튼홀 스티치, 일자 감침질, 지그재그 감침질, 백 스티치, 새틴 스티치

1. 노란색 천을 끈 모양으로 오려서 올려두고, 그 위에 사각형 모양으로 오려서 고정해주세요.
2. 끈을 먼저 일자 감침질(3046번 실)로 아플리케 해주고, 지그재그 감침질(3046번 실)로 가방 전체를 아플리케 해줍니다.
3. 아플리케 후 연노란색 천을 오려 가방 주머니를 아플리케 해주세요(버튼홀 스티치, 3823번 실).
4. 645번 실로 펜을 수놓아주세요.

신발 / 라디오

• 사용한 원단	면 20수(바탕: 아이보리색, 신발: 연노란색)
• 사용한 실	DMC 25번사 371, 645, 3752, 3823
• 사용한 스티치	일자 감침질, 레이지 데이지 스티치, 백 스티치, 새틴 스티치, 스트레이트 스티치, 아웃트라인 스티치

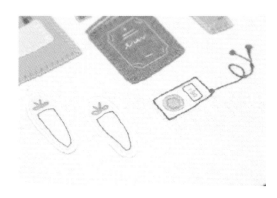

신발

1. 연노란색 천으로 신발 양쪽 모두 아플리케(일자 감침질, 3823번 실) 해주세요.
2. 371번 실로 신발 앞 리본을 수놓아주세요.

라디오

1. 바탕천 위에 645번 실로 라디오 모양을 백 스티치로 수놓아주세요.
2. 아웃트라인 스티치로 이어폰 줄도 표현하고, 이어폰 부분은 새틴 스티치로 표현해주세요.
3. 3752번, 3823번 실로 라디오 안의 버튼 부분도 수놓아주세요.

꽃

• 사용한 원단	면 20수(바탕: 아이보리색, 잎: 연두색)
• 사용한 실	DMC 25번사 371, 3046, 3823
• 사용한 스티치	일자 감침질, 백 스티치, 새틴 스티치, 아우트라인 스티치

1. 연두색 천을 잎사귀 모양으로 오려서 바탕천 위에 아플리케 해주세요(일자 감침질, 371번 실).
2. 잎사귀의 잎맥을 3823번 실로 백 스티치해주세요.
3. 잎사귀 주변에 아우트라인 스티치(371번 실)로 줄기를, 새틴 스티치(3046번 실)로 꽃을 수놓아주세요.

책 / 책갈피 / 텀블러

• 사용한 원단	면 20수(바탕: 아이보리색, 책: 민트색, 텀블러: 하늘색, 책갈피: 체크)
• 사용한 실	DMC 25번사 645, 926, 3046, 3752, 3823
• 사용한 스티치	버튼홀 스티치, 일자 감침질, 지그재그 감침질, 백 스티치, 새틴 스티치, 스트레이트 스티치, 아우트라인 스티치

책

1. 민트색 천으로 책 겉표지를 아플리케 해주세요(버튼홀 스티치, 926번 실).
2. 645번 실로 책 안 종이를 표현해주세요.
3. 3046번, 3823번 실로 책 앞면을 꾸며주세요.
4. 926번 실로 책 뒤표지 부분을 새틴 스티치 해주세요.

책갈피

1. 체크무늬 천을 아플리케 해주세요(일자 감침질, 3823번 실).
2. 3823번 실로 책갈피 끈을 수놓아주세요.

텀블러

1. 하늘색 천으로 텀블러 밑부분을 아플리케(지그재그 감침질, 3752번 실) 해주세요.
2. 926번 실을 이용해서 새틴 스티치로 텀블러 뚜껑을 채워주세요.
3. 645번 실로 눈금도 수놓아주세요.
4. 스트레이트 스티치(926번 실)로 텀블러 마개 부분을 표현해주세요.

생일

생일날 축하를 받고 선물을 받을 때면 어린 시절로 돌아간 것처럼 좋아하게 돼요.

평소에도 먹을 수 있는 케이크지만 소중한 사람들의 축하를 받으며

함께 먹는 케이크는 정말 특별한 맛이에요.

그 특별했던 순간을 아플리케 자수로 기록했어요.

즐거웠던 추억을 떠올리며 함께 수놓아보세요.

Congratulation

Congratulation

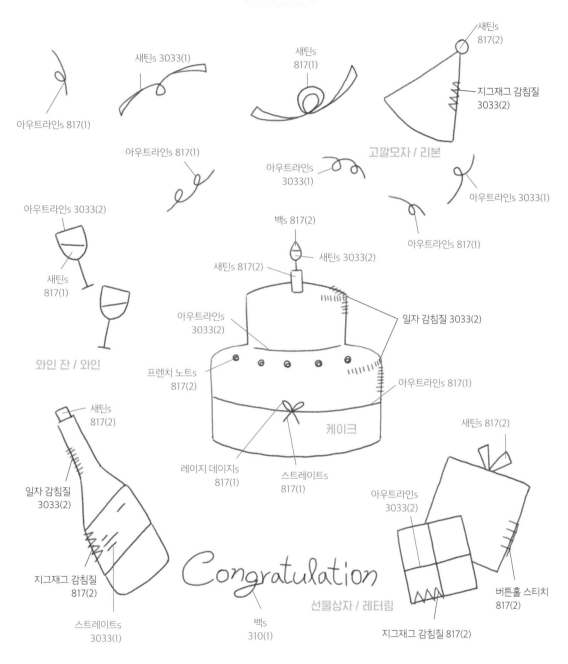

아웃라인s 817(1)

새틴s 3033(1)

아웃라인s 817(1)

새틴s 817(1)

새틴s 817(2)

지그재그 감침질 3033(2)

고깔모자 / 리본

아웃라인s 3033(1)

아웃라인s 3033(1)

아웃라인s 817(1)

아웃라인s 3033(2)

새틴s 817(1)

와인 잔 / 와인

백s 817(2)

새틴s 3033(2)

새틴s 817(2)

아웃라인s 3033(2)

일자 감침질 3033(2)

프렌치 노트s 817(2)

아웃라인s 817(1)

케이크

레이지 데이지s 817(1)

스트레이트s 817(1)

새틴s 817(2)

새틴s 817(2)

아웃라인s 3033(2)

일자 감침질 3033(2)

지그재그 감침질 817(2)

Congratulation

선물상자 / 레터링

스트레이트s 3033(1)

백s 310(1)

지그재그 감침질 817(2)

버튼홀 스티치 817(2)

빨간색 글씨 - 아플리케, 갈색 글씨 - 자수(아플리케를 먼저 작업한 뒤 수놓아주세요.)

* 도안 설명은 스티치 → 실 번호 → (실의 가닥 수)로 표기했습니다.
예) 스트레이트s 3862(2) : 3862번 실 2가닥으로 스트레이트 스티치를 합니다.

케이크

• 사용한 원단	면 20수(바탕: 분홍색), 린넨(케이크: 흰색)
• 사용한 실	DMC 25번사 817, 3033
• 사용한 스티치	일자 감침질, 레이지 데이지 스티치, 백 스티치, 새틴 스티치, 스트레이트 스티치, 아우트라인 스티치, 프렌치 노트 스티치

1. 바탕천 중앙에 케이크를 아플리케 해주세요.
2. 흰색 천을 도안대로 오려서 가장자리와 케이크의 윗 면과 옆면의 경계를 일자 감침질해주세요(3033번 실).
3. 1단과 2단 사이는 아우트라인 스티치해주세요(3033 번 실).
4. 817번 실로 초, 열매, 리본을 수놓아주세요.

와인 / 와인 잔

• 사용한 원단	면 20수(바탕: 분홍색), 린넨(와인 병: 흰색, 라벨: 빨간색)
• 사용한 실	DMC 25번사 817, 3033
• 사용한 스티치	일자 감침질, 지그재그 감침질 , 새틴 스티치, 스트레이트 스티치, 아우트라인 스티치

와인

1. 흰색 천을 병 모양으로 오려서 바탕천 위에 올려두고 그 위로 빨간색 천을 라벨 모양으로 오려서 고정해주 세요.
2. 흰색 천은 일자 감침질(3033번 실), 빨간색 천은 지그 재그 감침질(817번 실)로 아플리케 해주세요.
3. 라벨 안은 3033번 실로 수놓고, 817번 실로 와인 병 마개를 수놓아주세요.

와인 잔

1. 3033번 실로 이 우트라인 스티치해서 와인 잔을 수놓 아주세요.
2. 와인 잔 안은 817번 실로 새틴 스티치해서 잔에 담겨 있는 와인을 표현해줍니다.

고깔모자, 리본

• 사용한 원단	면 20수(바탕: 분홍색), 린넨(고깔모자: 흰색)
• 사용한 실	DMC 25번사 817, 3033
• 사용한 스티치	지그재그 감침질, 새틴 스티치, 아웃라인 스티치

1. 흰색 천을 고깔모자 모양으로 잘라서 아플리케(지그 재그 감침질, 3033번 실) 해주세요.
2. 817번 실로 고깔모자 방울을 표현해주세요.
3. 817번, 3033번 실로 리본을 곳곳에 수놓아주세요.

선물상자 / 레터링

• 사용한 원단	면 20수(바탕: 분홍색), 린넨(선물상자: 흰색, 빨간색)
• 사용한 실	DMC 25번사 310, 817, 3033
• 사용한 스티치	버튼홀 스티치, 지그재그 감침질, 백 스티치, 새틴 스티치, 아웃라인 스티치

선물상자

1. 흰색 천 위에 빨간색 천을 올려두고 흰색 천은 버튼 홀 스티치(817번 실), 빨간색 천은 지그재그 감침질 (817번 실)로 아플리케 해주세요.
2. 흰색 상자에는 빨간 리본(817번 실)을, 빨간색 상자에 는 흰색 리본(3033번 실)을 수놓아주세요.

레터링

1. 바탕천 위에 수성펜으로 글씨를 미리 써놓고 310번 실로 수놓아주세요.

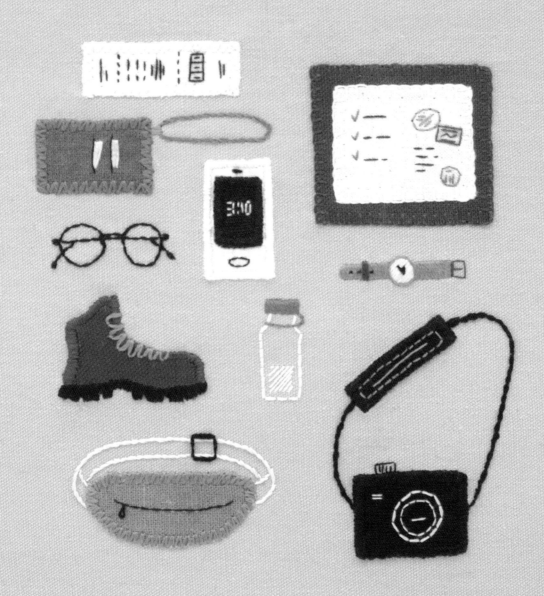

여 행 의 시 작

여행은 언제나 설레고 생각만 해도 입가에 미소가 번지게 돼요.

혼자 떠나는 여행은 스스로를 돌아보고 복잡했던 마음을 천천히 풀어보는 시간을 갖게 돼요.

마음 맞는 친구와의 여행은 함께여서 만들 수 있는 좋은 추억들이 생기게 되죠.

입장표, 핸드폰, 손목시계, 물병, 카메라를 수놓으며 여행을 시작해보세요.

수놓는 법

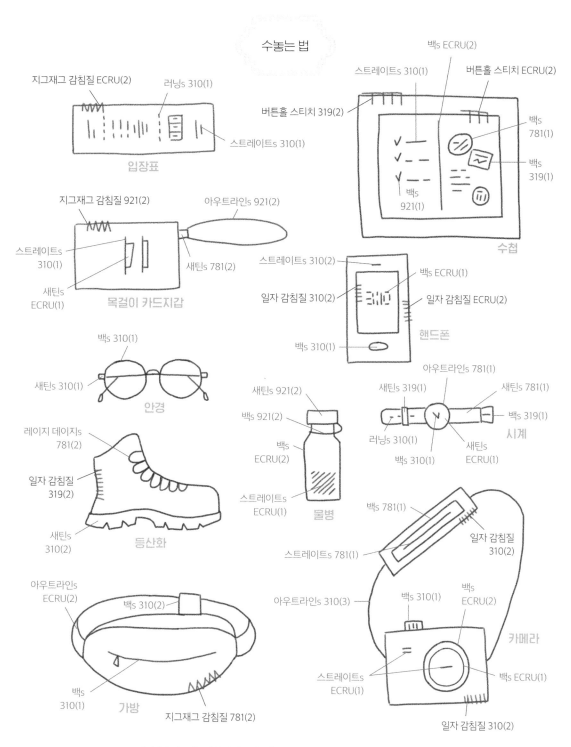

입장표
지그재그 감침질 ECRU(2)
러닝s 310(1)
스트레이트s 310(1)

목걸이 카드지갑
지그재그 감침질 921(2)
아우트라인s 921(2)
스트레이트s 310(1)
새틴s 781(2)
새틴s ECRU(1)

수첩
스트레이트s 310(1)
백s ECRU(2)
버튼홀 스티치 ECRU(2)
버튼홀 스티치 319(2)
백s 781(1)
백s 319(1)
백s 921(1)

핸드폰
스트레이트s 310(2)
백s ECRU(1)
일자 감침질 310(2)
일자 감침질 ECRU(2)
백s 310(1)

안경
백s 310(1)
새틴s 310(1)

시계
아우트라인s 781(1)
새틴s 319(1)
새틴s 781(1)
러닝s 310(1)
백s 319(1)
백s 310(1)
새틴s ECRU(1)

물병
새틴s 921(2)
백s 921(2)
백s ECRU(2)
스트레이트s ECRU(1)

등산화
레이지 데이지s 781(2)
일자 감침질 319(2)
새틴s 310(2)

카메라
백s 781(1)
일자 감침질 310(2)
스트레이트s 781(1)
아우트라인s 310(3)
백s 310(1)
백s ECRU(2)
스트레이트s ECRU(1)
백s ECRU(1)
일자 감침질 310(2)

가방
아우트라인s ECRU(2)
백s 310(2)
백s 310(1)
지그재그 감침질 781(2)

빨간색 글씨 - 아플리케, 갈색 글씨 - 자수(아플리케를 먼저 작업한 뒤 수놓아주세요.)

* 도안 설명은 스티치 → 실 번호 → (실의 가닥 수)로 표기했습니다.
예) 스트레이트s 3862(2) : 3862번 실 2가닥으로 스트레이트 스티치를 합니다.

입장표 / 목걸이 카드지갑 / 핸드폰 / 안경

• 사용한 원단	면 20수(바탕: 연노란색), 린넨(핸드폰&표: 흰색, 카드지갑: 주황색)
• 사용한 실	DMC 25번사 310, 781, 921, ECRU
• 사용한 스티치	일자 감침질, 지그재그 감침질, 러닝 스티치, 백 스티치, 새틴 스티치, 스트레이트 스티치, 아웃라인 스티치

입장표

1. 흰색 천을 도안을 따라 오려낸 후 지그재그 감침질(ECRU 실)로 아플리케 해줍니다.
2. 표 안에는 310번 실로 수놓아주세요.

목걸이 카드지갑

1. 주황색 천을 지그재그 감침질(921번 실)을 해주세요.
2. 스트레이트 스티치(310번 실)로 카드를 꽂는 부분을 수놓아주고, ECRU 실로 꽂혀 있는 카드를 수놓아주세요.
3. 921번 실로 아웃라인 스티치해서 목걸이 줄을 수놓아주고, 781번 실로 연결 부분을 표현해주세요.

핸드폰

1. 흰색 천을 아플리케(일자 감침질, ECRU 실) 하고, 검은색 천으로 핸드폰 화면을 표현해주세요(일자 감침질, 310번 실).
2. 화면 안에는 ECRU 실로 시간을 수놓아주세요.
3. 310번 실로 스피커, 버튼 부분을 수놓아주세요.

안경

바탕천에 수성펜으로 안경을 그려주고 310번 실로 수놓아주세요.

수첩 / 시계

• 사용한 원단	면 20수(바탕: 연노란색), 린넨(수첩: 초록색, 종이: 흰색)
• 사용한 실	DMC 25번사 310, 319, 781, 921, ECRU
• 사용한 스티치	버튼홀 스티치, 러닝 스티치, 백 스티치, 새틴 스티치, 스트레이트 스티치, 아웃라인 스티치

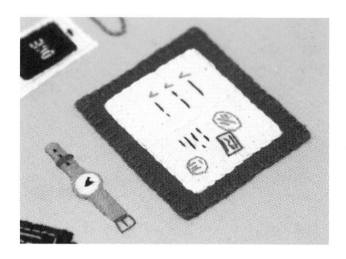

수첩

1. 초록색 천을 도안대로 오려서 버튼홀 스티치로 아플리케 해주세요(319번 실).
2. 그 위에 흰색 천을 아플리케 해주세요(버튼홀 스티치 ECRU 실).
3. 종이 위에 필기한 느낌으로 921번, 781번, 319번 실로 백 스티치로 표현해주세요.

시계

1. 바탕천에 수성펜으로 시계를 그려주세요. 781번으로 시계 줄을 수놓고, 319번 실로
   고리를 수놓아주세요.
2. 새틴 스티치로 시계 화면을 채우고(ECRU 실), 310번 실로 시계바늘도 수놓아주세요.

등산화 / 가방 / 물병

• **사용한 원단**	면 20수(바탕: 연노란색, 가방: 진한 노란색), 린넨(등산화: 초록색)
• **사용한 실**	DMC 25번사 310, 319, 781, 921, ECRU
• **사용한 스티치**	일자 감침질, 지그재그 감침질, 레이지 데이지 스티치, 백 스티치, 새틴 스티치, 스트레이트 스티치, 아우트라인 스티치

등산화

1. 초록색 천을 신발 모양으로 오려낸 후 가장자리를 일자 감침질(319번 실)로 아플리케
   해주세요.
2. 신발 굽은 310번 실을 이용해서 표현해주세요.
3. 신발 끈은 781번 실로 레이지 데이지 스티치를 응용해서 수놓아주세요.

가방

1. 진한 노란색 천을 도안대로 오려낸 후 지그재그 감침질(781번 실)로 아플리케 해주
   세요.
2. 가방끈은 ECRU 실로 아우트라인 스티치 해주세요.
3. 가방의 주머니 부분과 끈의 연결 부분을 백 스티치(310번 실) 해주세요.

물병

1. 바탕천 위에 백 스티치로 물병을 수놓아주세요(ECRU 실).
2. 사선으로 수놓아 담겨 있는 물을 표현해주세요(ECRU 실).
3. 921번 실로 물병 뚜껑을 수놓아주세요.

카메라

• **사용한 원단**	면 20수(바탕: 연노란색, 카메라: 검은색)
• **사용한 실**	DMC 25번사 310, 781, ECRU
• **사용한 스티치**	일자 감침질, 백 스티치, 스트레이트 스티치, 아우트라인 스티치

1. 바탕천 위에 검은색 천을 아플리케 해주세요(일자 감침질, 310번 실).
2. ECRU 실로 렌즈를 표현해주세요.
3. 카메라 버튼은 백 스티치(310번 실) 해주세요.
4. 카메라 위쪽으로 검은색 천을 긴 사각형 모양으로 아플리케(일자 감침질, 310번 실) 해
   주세요.
5. 양쪽으로 310번 실을 아우트라인 스티치로 카메라 끈을 수놓아주세요.

놀이동산에 처음 갔던 날

오래전 일이지만 부모님의 손을 잡고 처음 놀이동산에 갔던 날이
어렴풋이 기억에 남아 있습니다.
처음 보는 화려함에 마치 동화 세상에 온 것 같은 기분이었어요.
회전목마를 타며 가족들에게 손을 흔들고,
핫도그도 사먹으며 보냈던 추억 속 그날을 그림일기 그리듯이
아플리케 자수로 기록해보세요.

도안

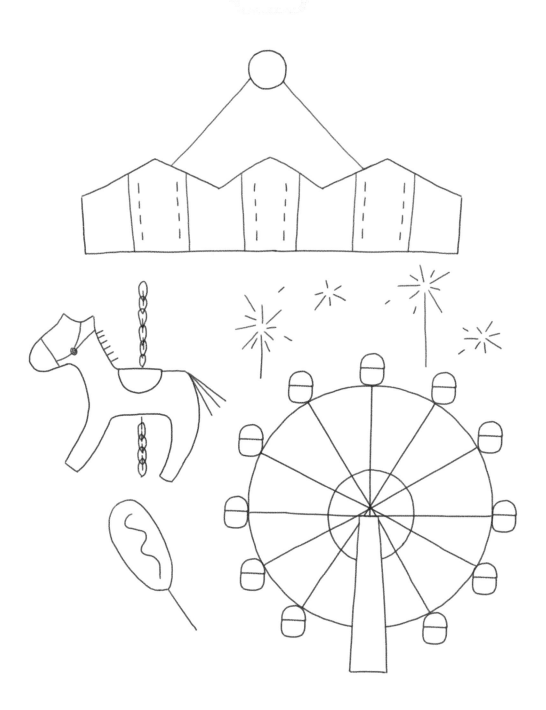

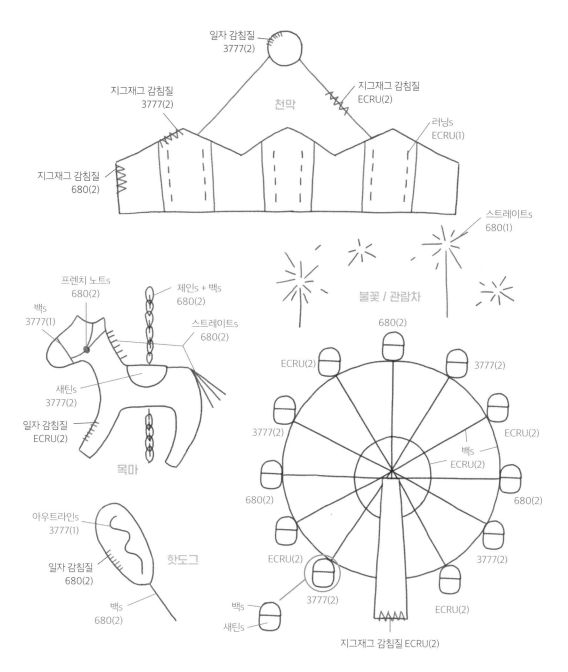

일자 감침질
3777(2)

지그재그 감침질
3777(2)

지그재그 감침질
ECRU(2)

천막

러닝s
ECRU(1)

지그재그 감침질
680(2)

스트레이트s
680(1)

프렌치 노트s
680(2)

체인s + 백s
680(2)

백s
3777(1)

스트레이트s
680(2)

불꽃 / 관람차

새틴s
3777(2)

일자 감침질
ECRU(2)

목마

680(2)

ECRU(2)

3777(2)

3777(2)

ECRU(2)

백s
ECRU(2)

680(2)

680(2)

아웃라인s
3777(1)

일자 감침질
680(2)

핫도그

백s
680(2)

3777(2)

3777(2)

ECRU(2)

백s

새틴s

3777(2)

ECRU(2)

지그재그 감침질 ECRU(2)

빨간색 글씨 - 아플리케, 갈색 글씨 - 자수(아플리케를 먼저 작업한 뒤 수놓아주세요.)

* 도안 설명은 스티치 → 실 번호 → (실의 가닥 수)로 표기했습니다.
예) 스트레이트s 3862(2) : 3862번 실 2가닥으로 스트레이트 스티치를 합니다.

천막

• 사용한 원단	면 10수(바탕: 남색), 면 20수(천막: 흰색, 짙은 노란색, 짙은 빨간색)
• 사용한 실	DMC 25번사 680, 3777, ECRU
• 사용한 스티치	일자 감침질, 지그재그 감침질, 러닝 스티치

1. 흰색 천 → 짙은 노란색 천 → 짙은 빨간색 천의 순서
   대로 오려서 고정해준 후 아플리케 해주세요(지그재
   그 감침질_ECRU, 680번, 3777번 실).
2. 빨간색 천 위에는 ECRU 실로 러닝 스티치해주세요.
3. 천막 가장 위에는 빨간색 천을 동그랗게 오려서 일자
   감침질해주세요(3777번 실).

목마

• 사용한 원단	면 10수(바탕: 남색), 면 20수(목마: 흰색)
• 사용한 실	DMC 25번사 680, 3777, ECRU
• 사용한 스티치	일자 감침질, 백 스티치, 새틴 스티치, 스트레이트 스티치, 체인 스티치, 프렌치 노트 스티치

1. 흰색 천을 도안을 따라 오려서 바탕천 위에 일자 감
   침질로 아플리케 해주세요(ECRU 실).
2. 680번 실로 갈기와 꼬리를 수놓아주세요.
3. 목마 안쪽은 3777번, 680번 실로 꾸며주세요.
4. 목마 기둥은 체인 스티치를 하고 그 위로 백 스티치
   를 한 번 더 해주세요(680번 실).

핫도그

• 사용한 원단	면 10수(바탕: 남색), 면 20수(핫도그: 짙은 노란색)
• 사용한 실	DMC 25번사 680, 3777
• 사용한 스티치	일자 감침질, 백 스티치, 아우트라인 스티치

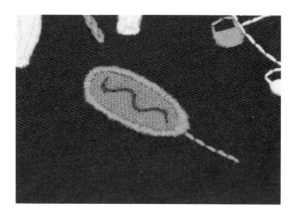

1. 바탕천 위에 짙은 노란색 천을 아플리케 해주세요(일자 감침질, 680번 실).
2. 680번 실로 막대기를 수놓고 3777번 실로 아우트라인 스티치 해서 케첩을 표현해주세요.

불꽃 / 관람차

• 사용한 원단	면 10수(바탕: 남색), 면 20수(관람차: 기둥 흰색)
• 사용한 실	DMC 25번사 680, 3777, ECRU
• 사용한 스티치	지그재그 감침질, 백 스티치, 새틴 스티치, 스트레이트 스티치

불꽃

바탕천 위에 수성펜으로 불꽃을 그리고 680번 실로 수놓아주세요.

관람차

1. 흰색 천으로 관람차 기둥을 먼저 아플리케 해주세요 (지그재그 감침질, ECRU 실).
2. 관람차 기둥을 중심으로 큰 원과 작은 원 두 개와 중심을 가로지르는 선도 백 스티치 해주세요(ECRU 실).
3. ECRU, 680번, 3777번 실을 번갈아가며 관람차를 백 스티치와 새틴 스티치로 수놓아주세요.

재미있는 영화를 봤던 날

좋아하는 영화감독의 영화나 개봉을 기다렸던 영화를 보고 나면
감동의 여운이 한동안 남아 있어요.
그 여운이 좋아서 취향에 맞는 영화는 몇 번을 다시 봐도 좋은 것 같아요.
좋아하는 영화 한 편씩 떠올려보면서 수놓아보세요.

수놓는 법

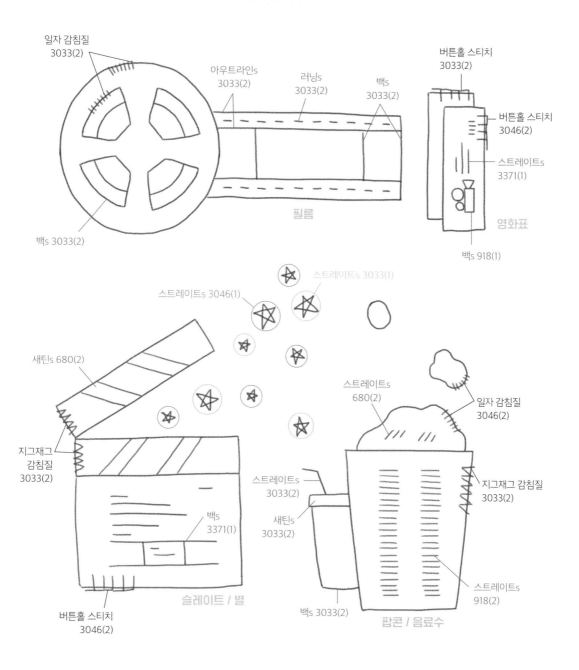

일자 감침질
3033(2)

아우트라인s
3033(2)

러닝s
3033(2)

백s
3033(2)

버튼홀 스티치
3033(2)

버튼홀 스티치
3046(2)

스트레이트s
3371(1)

필름

영화표

백s 3033(2)

백s 918(1)

스트레이트s 3033(1)

스트레이트s 3046(1)

새틴s 680(2)

스트레이트s
680(2)

일자 감침질
3046(2)

지그재그
감침질
3033(2)

스트레이트s
3033(2)

지그재그 감침질
3033(2)

백s
3371(1)

새틴s
3033(2)

버튼홀 스티치
3046(2)

슬레이트 / 별

백s 3033(2)

스트레이트s
918(2)

팝콘 / 음료수

빨간색 글씨 - 아플리케, 갈색 글씨 - 자수(아플리케를 먼저 작업한 뒤 수놓아주세요.)

＊도안 설명은 스티치 → 실 번호 → (실의 가닥 수)로 표기했습니다.
예) 스트레이트s 3862(2) : 3862번 실 2가닥으로 스트레이트 스티치를 합니다.

필름

• 사용한 원단	면 20수(바탕: 짙은 다홍색, 필름: 흰색)
• 사용한 실	DMC 25번사 3033
• 사용한 스티치	일자 감침질, 러닝 스티치, 백 스티치, 아우트라인 스티치

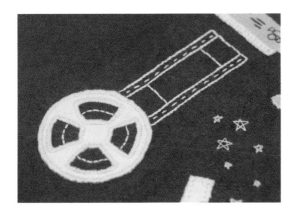

1. 흰색 천을 필름 도안대로 오려낸 후 일자 감침질(3033 번 실)로 가장자리를 아플리케 해줍니다.
2. 아플리케 후 3033번 실로 필름을 백 스티치와 아우 트라인 스티치, 러닝 스티치로 수놓아주세요.

영화표

• 사용한 원단	면 20수(바탕: 짙은 다홍색, 영화표: 노란색, 흰색)
• 사용한 실	DMC 25번사 918, 3033, 3046, 3371
• 사용한 스티치	버튼홀 스티치, 백 스티치, 스트레이트 스티치

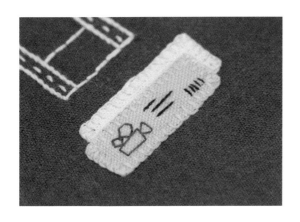

1. 흰색 천 위에 노란색 천을 올려두고 버튼홀 스티치로 아플리케 해주세요(3033번 실과 3046번 실).
2. 영화표 안은 918번과 3371번 실로 수놓아주세요.

슬레이트 / 별

• **사용한 원단**	면 20수(바탕: 짙은 다홍색, 슬레이트: 흰색, 노란색)
• **사용한 실**	DMC 25번사 680, 3033, 3046, 3371
• **사용한 스티치**	버튼홀 스티치, 지그재그 감침질, 백 스티치, 새틴 스티치, 스트레이트 스티치

슬레이트
1. 노란색 천과 흰색 천을 도안대로 오려서 아플리케 해 주세요(노란색: 버튼홀 스티치, 3046번 실 | 흰색: 지그재그 감침질, 3033번 실).
2. 680번과 3371번 실로 슬레이트 안을 꾸며주세요.
3. 슬레이트의 노란색 선을 680번 실로 새틴 스티치 해 주세요.

별
3033번, 3046번 실로 곳곳에 별을 스트레이트 스티치 로 수놓아주세요.

팝콘 / 음료수

• **사용한 원단**	면 20수(바탕: 짙은 다홍색, 팝콘 컵: 흰색, 팝콘: 노란색)
• **사용한 실**	DMC 25번사 680, 918, 3033, 3046
• **사용한 스티치**	일자 감침질, 지그재그 감침질, 백 스티치, 새틴 스티치, 스트레이트 스티치

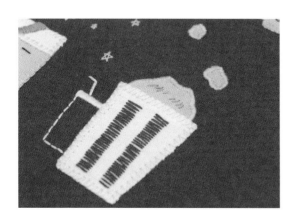

팝콘
1. 팝콘은 노란색 천 3조각을 오려두고 밑에 팝콘 위로 흰색 천을 오려서 고정해주세요.
2. 팝콘은 3046번 실로 일자 감침질하고, 컵은 3033번 실로 지그재그 감침질해주세요.
3. 팝콘 컵 안은 918번 실로 꾸며주세요.

음료수
바탕천 위에 수성펜으로 적당한 위치에 음료수 컵 모양 을 그려놓고 3033번 실로 수놓아주세요.

[좋아하는 공간]

나만의 방

읽고 싶었던 책, 초록 식물, 좋아하는 포스터들,

커피 한 잔이 있는 방은 들어서기만 해도 마음이 편안해지는 공간이에요.

좋아하는 것들로 가득 채워져 있는 방의 모습을 표현해보세요.

도안

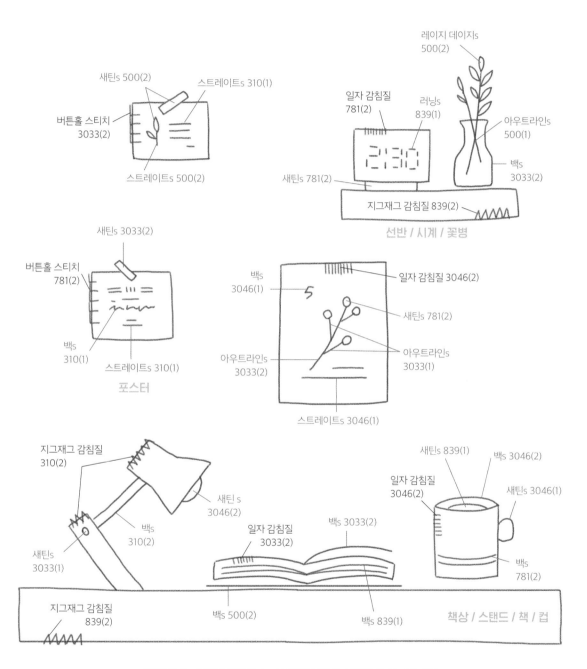

새틴s 500(2)

스트레이트s 310(1)

버튼홀 스티치
3033(2)

스트레이트s 500(2)

레이지 데이지s
500(2)

일자 감침질
781(2)

러닝s
839(1)

아우트라인s
500(1)

새틴s 781(2)

백s
3033(2)

지그재그 감침질 839(2)

선반 / 시계 / 꽃병

새틴s 3033(2)

버튼홀 스티치
781(2)

백s
310(1)

스트레이트s 310(1)

포스터

백s
3046(1)

일자 감침질 3046(2)

새틴s 781(2)

아우트라인s
3033(2)

아우트라인s
3033(1)

스트레이트s 3046(1)

지그재그 감침질
310(2)

새틴 s
3046(2)

백s
310(2)

새틴s
3033(1)

지그재그 감침질
839(2)

백s 500(2)

일자 감침질
3033(2)

백s 3033(2)

백s 839(1)

새틴s 839(1)

백s 3046(2)

일자 감침질
3046(2)

새틴s 3046(1)

백s
781(2)

책상 / 스탠드 / 책 / 컵

빨간색 글씨 - 아플리케, 갈색 글씨 - 자수(아플리케를 먼저 작업한 뒤 수놓아주세요.)

* 도안 설명은 스티치 → 실 번호 → (실의 가닥 수)로 표기했습니다.
예) 스트레이트s 3862(2) : 3862번 실 2가닥으로 스트레이트 스티치를 합니다.

책상 / 책 / 컵

• 사용한 원단	면 10수(바탕: 연두색), 면 20수(책상: 갈색, 컵: 노란색, 책: 흰색)
• 사용한 실	DMC 25번사 500, 781, 839, 3033, 3046
• 사용한 스티치	일자 감침질, 지그재그 감침질, 백 스티치, 새틴 스티치

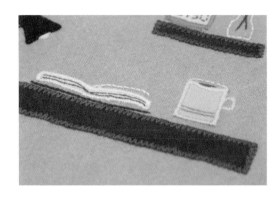

책상

바탕천 위에 갈색 천을 길게 잘라 아플리케(지그재그 감침질, 839번 실) 해주세요.

책

1. 책상 위쪽 중앙에 흰색 천을 도안대로 오려서 아플리케 해주세요(일자 감침질, 3033번 실).
2. 책 표지는 500번 실로, 책 안은 839번 실로 수놓아주세요.
3. 위쪽 살짝 들린 책 한 장은 3033번 실로 백 스티치 해주세요.

컵

1. 책 옆쪽에 노란색 천을 오려서 아플리케 해주세요(일자 감침질, 3046번 실).
2. 새틴 스티치로 컵 손잡이도 수놓아주세요(3046번 실).
3. 839번 실로 컵에 담겨 있는 커피를 수놓아주세요.
4. 781번 실로 컵을 간단하게 꾸며주세요.

스탠드

• 사용한 원단	면 10수(바탕: 연두색), 면 20수(스탠드: 검은색)
• 사용한 실	DMC 25번사 310, 3033, 3046
• 사용한 스티치	지그재그 감침질, 백 스티치, 새틴 스티치

1. 책 옆쪽으로 검은색 천을 두 가지 모양으로 오려서 고정 해준 뒤 지그재그 감침질(310번 실)로 아플리케 해주세요.
2. 스탠드 밑부분과 윗부분을 백 스티치로 이어주세요(310번 실).
3. 3046번 실로 전구를 수놓아주세요.
4. 스탠드 밑부분에 3033번 실로 나사를 표현해주세요.

선반 / 시계 / 꽃병

- **사용한 원단**   면 10수(바탕: 연두색), 면 20수(선반: 갈색, 시계: 흰색)
- **사용한 실**   DMC 25번사 500, 781, 839, 3033
- **사용한 스티치**   일자 감침질, 지그재그 감침질, 러닝 스티치, 레이지 데이지 스티치, 백 스티치, 새틴 스티치, 아우트라인 스티치

선반
책상 위쪽에 책상보다는 짧은 길이로 갈색 천을 길게 잘라 아플리케(지그재그 감침질, 839번 실) 해주세요.

시계
1. 흰색 천을 사각형으로 오려서 가장자리를 일자 감침질 (781번 실)로 아플리케 해주세요.
2. 시계 밑받침도 781번 실로 새틴 스티치 해주세요.
3. 839번 실로 시간을 수놓아주세요.

꽃병
1. 시계 옆쪽에 수성펜으로 꽃병과 식물을 그려주세요.
2. 꽃병은 3033번 실로, 식물은 500번 실로 수놓아주세요.

포스터

사용한 원단	면 10수(바탕: 연두색), 면 20수
	(포스터: 흰색, 짙은 노란색, 초록색)
사용한 실	DMC 25번사 310, 500, 781, 3033, 3046
사용한 스티치	버튼홀 스티치, 일자 감침질, 백 스티치,
	새틴 스티치, 스트레이트 스티치,
	아우트라인 스티치

1. 흰색 천, 짙은 노란색 천, 초록색 천을 다양한 크기로 오려서 각 위치에 고정해주세요.
2. 흰색 포스터와 짙은 노란색 포스터는 버튼홀 스티치 해주세요(3033번, 781번 실).
3. 초록색 포스터는 3046번 실로 일자 감침질해주세요.
4. 흰색, 노란색 포스터 위 스티커 부분을 500번, 3033번 실로 새틴 스티치 해주세요.
5. 포스터 안쪽 꾸밈은 자유롭게 수놓아주세요.

카페

집에서만 작업하다가 가끔은 읽을거리나

바느질거리를 갖고 집 근처 작은 카페에 가요.

진하게 퍼져 있는 커피 향, 조용한 음악소리와

조금씩 들려오는 사람들의 대화소리에

내 방이 주는 편안함과는 다른 편안함을 느낄 수 있어요.

즐겨 방문하는 카페의 모습을 한번 수놓아볼까요?

COFFEE   DESSERT

일자 감침질 3862(2) 백s 3371(1)

COFFEE   DESSERT

메뉴판

백s 3371(2)

지그재그 감침질 729(2)

커피 / 전등 / 꽃병

진열장 / 포스

백s 3371(2)

새틴s 729(1)

새틴s 3830(1)

새틴s 729(1)

스트레이트s 3051(1)

프렌치 노트s 3830(1)

버튼홀 스티치 839(2)

백s 3371(2)

새틴s 839(1)

지그재그 감침질 839(2)

새틴s 3830(1)

새틴s 3862(1)

백s 3371(2)

아웃라인s 3051(1) 백s 3371(1)

새틴s 3371(2) 스트레이트s 3371(2)

백s 3371(2)

백s 839(2)

지그재그 감침질 3862 (2)

수납장

빨간색 글씨 - 아플리케, 갈색 글씨 - 자수(아플리케를 먼저 작업한 뒤 수놓아주세요.)

* 도안 설명은 스티치 → 실 번호 → (실의 가닥 수)로 표기했습니다.
예) 스트레이트s 3862(2) : 3862번 실 2가닥으로 스트레이트 스티치를 합니다.

수납장

• 사용한 원단	면 20수(바탕: 체크, 수납장: 연갈색)
• 사용한 실	DMC 25번사 839, 3371, 3862
• 사용한 스티치	지그재그 감침질, 백 스티치

1. 바탕천 위에 연갈색 천을 도안대로 오려서 가장자리를 아플리케 해주세요(지그재그 감침질, 3862번 실).
2. 수납장 안 문은 839번 실로 수놓고, 손잡이는 3371번 실로 수놓아주세요.

진열장 / 포스

• 사용한 원단	면 20수(바탕: 체크, 포스: 갈색)
• 사용한 실	DMC 25번사 729, 839, 3371, 3830, 3862
• 사용한 스티치	버튼홀 스티치, 백 스티치, 새틴 스티치

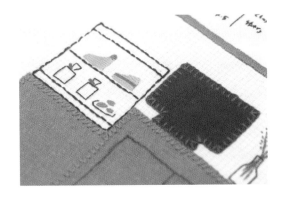

진열장
1. 수납장 높이가 낮은 쪽에 수성펜으로 진열장을 그려주세요.
2. 3371번 실로 진열장 테두리를 수놓고 3830번, 729번 실로 케이크를 수놓아주세요.
3. 3862번 실로 쿠키를 수놓고 3371번, 3830번 실로 쿠키 봉지와 접시를 수놓아주세요.

포스
진열장 옆에 갈색 천을 도안대로 오려서 아플리케 해주세요(버튼홀 스티치, 839번 실).

메뉴판

• 사용한 원단	면 20수(바탕: 체크), 린넨(메뉴판: 흰색)
• 사용한 실	DMC 25번사 3371, 3862
• 사용한 스티치	일자 감침질, 백 스티치

1. 바탕천 위에 흰색 천을 사각형으로 오려서 가장자리를 3862번 실로 일자 감침질해주세요.
2. 메뉴판 안에 수성펜으로 글씨를 적고 3371번 실로 수놓아주세요.

커피 / 꽃병 / 전등

• 사용한 원단	면 20수(바탕: 체크, 커피: 선반장 갈색, 전등: 짙은 노란색)
• 사용한 실	DMC 25번사 729, 839, 3051, 3371, 3830
• 사용한 스티치	지그재그 감침질, 백 스티치, 새틴 스티치, 스트레이트 스티치, 아우트라인 스티치, 프렌치 노트 스티치

커피

1. 수납장 위에 갈색 천을 오려서 아플리케 해주세요(지그재그 감침질, 839번 실).
TIP. 연갈색 천 안쪽 잘라내기 힘갈색 천을 도안대로 자르기 힘들다면 수성펜으로 밑그림을 그리고 839번 실로 새틴 스티치 해주세요.
2. 커피 선반장 안과 위쪽은 도안 그림을 참고하여 드리퍼와 서버를 수놓아주세요.

꽃병

선반장 옆쪽에 수성펜으로 꽃병과 꽃을 그리고 729번, 3051번, 3830번 실로 수놓아주세요.

전등

1. 짙은 노란색 천을 전등 모양으로 오려서 적당한 위치에 고정하고 아플리케 해주세요(지그재그 감침질, 729번 실).
2. 3371번 실로 전구와 전등 줄을 수놓아주세요.

빈티지 상점

오래된 고가구들과 세월의 흔적이 남아 있는 물건들이 가득한
빈티지 상점에 있다 보면 시간가는 줄 모르고 한참 구경하게 돼요.
제가 좋아하는 분위기로 마음껏 꾸민 공간을 상상하며 작업했어요.

수놓는 법

선반 / 가방

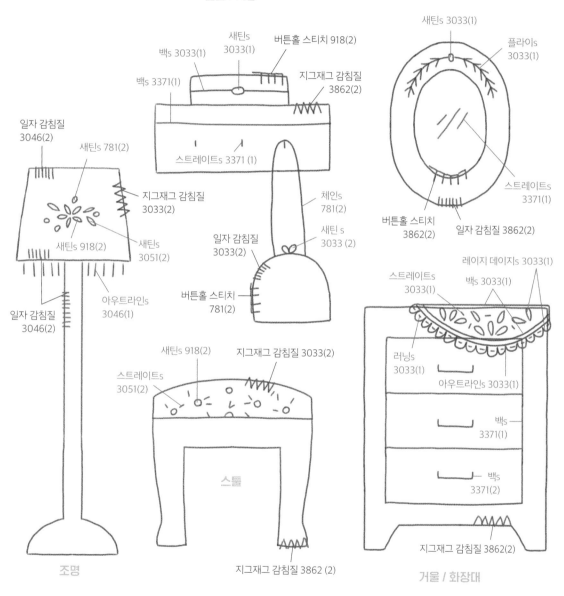

새틴s 3033(1)

플라이s 3033(1)

백s 3033(1)

새틴s 3033(1)

버튼홀 스티치 918(2)

백s 3371(1)

지그재그 감침질 3862(2)

스트레이트s 3371 (1)

스트레이트s 3371(1)

버튼홀 스티치 3862(2)

일자 감침질 3862(2)

일자 감침질 3046(2)

새틴s 781(2)

지그재그 감침질 3033(2)

새틴s 918(2)

새틴s 3051(2)

아웃라인s 3046(1)

일자 감침질 3046(2)

체인s 781(2)

새틴 s 3033 (2)

일자 감침질 3033(2)

버튼홀 스티치 781(2)

레이지 데이지s 3033(1)

스트레이트s 3033(1)

백 3033(1)

러닝s 3033(1)

아웃라인s 3033(1)

새틴s 918(2)

지그재그 감침질 3033(2)

스트레이트s 3051(2)

백s 3371(1)

백s 3371(2)

스툴

거울 / 화장대

지그재그 감침질 3862(2)

지그재그 감침질 3862 (2)

조명

빨간색 글씨 - 아플리케, 갈색 글씨 - 자수(아플리케를 먼저 작업한 뒤 수놓아주세요.)

* 도안 설명은 스티치 → 실 번호 → (실의 가닥 수)로 표기했습니다.
예) 스트레이트s 3862(2) : 3862번 실 2가닥으로 스트레이트 스티치를 합니다.

거울 / 화장대

• 사용한 원단	면 10수(바탕: 초록색), 면 20수(거울: 흰색, 거울과 화장대: 연갈색)
• 사용한 실	DMC 25번사 3033, 3371, 3862
• 사용한 스티치	버튼홀 스티치, 일자 감침질, 지그재그 감침질, 러닝 스티치, 레이지 데이지 스티치, 백 스티치, 새틴 스티치, 스트레이트 스티치, 아우트라인 스티치, 플라이 스티치

거울

1. 흰색 천을 오려놓고 연갈색 천으로 거울 테두리 부분을 오려주세요.
2. 테두리 가장자리는 일자 감침질(3862번 실), 테두리 안쪽은 버튼홀 스티치(3862번 실)해주세요.

   TIP. 연갈색 천 안쪽 잘라내기 힘들다면 연갈색 천을 타원형으로 오리고, 그 위로 흰색 천을 좀 더 작은 타원형으로 오려서 흰색 천 가장자리를 아플리케 해주세요.
3. 거울 안쪽은 3371번 실로 스트레이트 스티치 해주세요.

화장대

1. 연갈색 천을 도안대로 오려서 아플리케 해주세요(지그재그 감침질, 3862번 실).
2. 3371번 실로 서랍과 손잡이를 수놓아주세요.
3. 화장대 위쪽에 수성펜으로 미리 레이스를 그려놓고 3033번 실로 수놓아주세요.

조명

• 사용한 원단	면 10수(바탕: 초록색), 면 20수(전등: 흰색, 노란색)
• 사용한 실	DMC 25번사 781, 918, 3033, 3046, 3051
• 사용한 스티치	일자 감침질, 지그재그 감침질, 새틴 스티치, 아우트라인 스티치

1. 바탕천 위에 노란색 천을 조명 스탠드 부분으로 길게 오려 고정해주고 위로 흰색 천을 오려 고정해주세요.
2. 스탠드 부분은 일자 감침질(3046번 실)해주세요.
3. 흰색 천에서 위와 아래 부분은 3046번 실로 일자 감침질 해주고 양옆은 지그재그 감침질(3033번 실)해주세요.
4. 조명 갓 밑으로는 수술을 수놓아주세요(3046번 실).
5. 조명 갓 안은 918번, 781번, 3051번 실로 꽃과 잎들을 수놓아주세요.

선반 / 가방

· 사용한 원단	면 10수(바탕: 초록색), 면 20수(선반: 연갈색, 가방: 짙은 노란색, 짙은 빨간색)
· 사용한 실	DMC 25번사 781, 918, 3033, 3371, 3862
· 사용한 스티치	버튼홀 스티치, 일자 감침질, 지그재그 감침질, 백 스티치, 새틴 스티치, 스트레이트 스티치, 체인 스티치

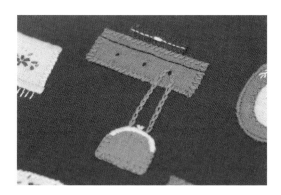

선반

1. 거울 옆쪽에 연갈색 천으로 선반을 아플리케 해주세요
   (지그재그 감침질, 3862번 실).
2. 3371번 실로 고리를 수놓아주세요.

가방

1. 선반 위로는 짙은 빨간색 천을 버튼홀 스티치(918번 실)
   로 아플리케 하고, 3033번 실로 가방 안쪽을 수놓아주
   세요.
2. 선반에 걸린 가방은 짙은 노란색 천을 아래쪽은 버튼홀
   스티치(781번 실), 위쪽은 일자 감침질(3033번 실)로 아플
   리케 해주세요.
3. 체인 스티치로 가방끈도 수놓아주세요.

스툴

· 사용한 원단	면 10수(바탕: 초록색),
	면 20수(방석: 흰색, 스툴: 연갈색)
· 사용한 실	DMC 25번사 918, 3051, 3033, 3862
· 사용한 스티치	지그재그 감침질, 새틴 스티치, 스트레이트 스티치

1. 흰색 천을 도안대로 오리고 그 위로 연갈색 천으로 스툴
   다리 부분을 오려서 고정해주세요.
2. 스툴 위는 3033번 실로, 다리 부분은 3862번 실로 지그
   재그 감침질해주세요.
3. 방석 안에는 918번과 3051번 실로 꽃무늬를 수놓아주
   세요.

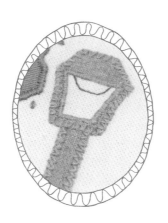

공원

저는 산책과 공원을 굉장히 좋아해요.

큰 나무 아래에 앉아 바람에 흔들리는 나뭇잎을 올려다보고 있으면

하루의 피로가 풀리기도 하고,

다시 일을 시작할 힘이 생기기도 해요.

가장 좋아하고 즐겨 찾는 공간을 아플리케 자수로 기록했습니다.

여러분도 가장 좋아하는 공간을 수놓아보세요.

도안

수놓는 법

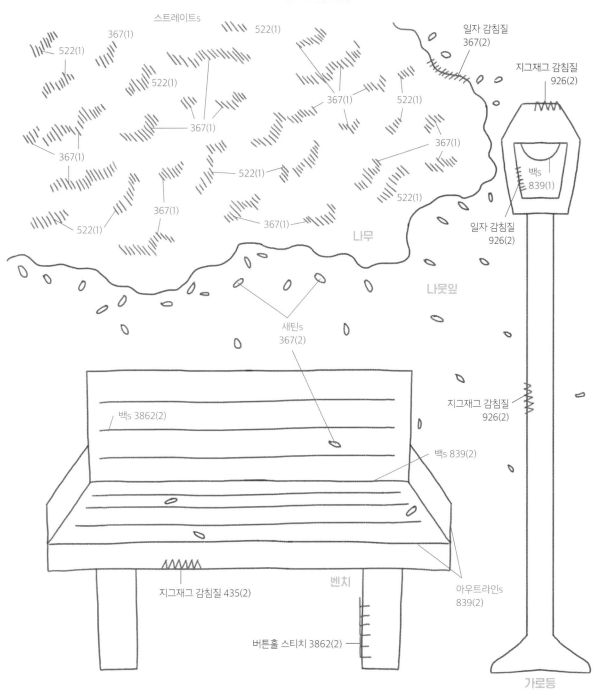

스트레이트s

522(1)

367(1)

522(1)

522(1)

367(1)

367(1)

367(1)

522(1)

367(1)

367(1)

522(1)

367(1)

522(1)

522(1)

367(1)

367(1)

367(1)

일자 감침질
367(2)

지그재그 감침질
926(2)

백s
839(1)

일자 감침질
926(2)

나무

나뭇잎

지그재그 감침질
926(2)

새틴s
367(2)

백s 3862(2)

백s 839(2)

아우트라인s
839(2)

지그재그 감침질 435(2)

벤치

버튼홀 스티치 3862(2)

가로등

빨간색 글씨 - 아플리케, 갈색 글씨 - 자수(아플리케를 먼저 작업한 뒤 수놓아주세요.)

* 도안 설명은 스티치 → 실 번호 → (실의 가닥 수)로 표기했습니다.
예) 스트레이트s 3862(2) : 3862번 실 2가닥으로 스트레이트 스티치를 합니다.

나무

• **사용한 원단**	면 10수(바탕: 연노란색, 나무: 민트그린색)
• **사용한 실**	DMC 25번사 367, 522
• **사용한 스티치**	일자 감침질, 스트레이트 스티치

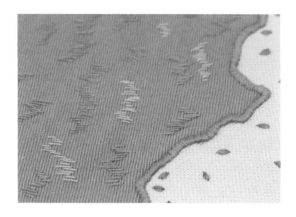

1. 바탕천 위에 민트그린색 천을 나무 모양으로 오려서 아플리케 해주세요(일자 감침질 367번 실).
2. 나무 안에 367번, 522번 실로 스트레이트 스티치해서 바람에 흔들리는 나뭇잎을 표현해주세요.

벤치

• **사용한 원단**	면 10수(바탕: 연노란색), 면 20수(의자: 살구색, 의자다리: 연갈색)
• **사용한 실**	DMC 25번사 435, 839, 3862
• **사용한 스티치**	버튼홀 스티치, 지그재그 감침질, 백 스티치, 아웃라인 스티치

1. 살구색 천을 벤치 모양으로 오려서 위치를 잡아주고, 연갈색 천을 긴 사각형 모양으로 2개 오려서 살구색 천 밑에 고정해주세요.
2. 벤치는 435번 실로 지그재그 감침질, 벤치 다리는 3862번 실로 버튼홀 스티치해주세요.
3. 839번 실로 의자 팔걸이를 아웃라인 스티치해주세요.
4. 의자 안에는 3862번, 839번 실로 수놓아주세요.

가로등

• 사용한 원단	면 10수(바탕: 연노란색), 면 20수(가로등: 민트색)
• 사용한 실	DMC 25번사 839, 926
• 사용한 스티치	일자 감침질, 지그재그 감침질, 백 스티치

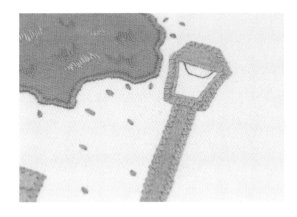

1. 의자 옆쪽에 민트색 천을 길게 오려두고 가로등 위쪽 도 도안대로 오려서 고정해주세요.
2. 기둥과 위쪽 가장자리는 지그재그 감침질(926번 실)해 주고, 가로등 안쪽은 일자 감침질(926번 실)해주세요.
3. 안쪽에는 839번 실로 전구를 수놓아주세요.

나뭇잎

• 사용한 원단	면 10수(바탕: 연노란색)
• 사용한 실	DMC 25번사 367
• 사용한 스티치	새틴 스티치

1. 떨어지는 나뭇잎들을 수놓을 자리를 곳곳에 수성펜 으로 미리 표시해주세요.
2. 표시한 곳을 367번 실로 새틴 스티치 해주세요.

생활 속에 스며들기

카드 만들기

행운을 가져다줄 것 같은 새와 꽃 그림이 있는 아플리케 자수 카드입니다.

천에 수놓은 후 잘라서 두꺼운 종이 위에 붙여줬어요.

그리고 종이에 일정한 간격으로 가장자리 둘레에

미리 구멍을 낸 후 빨간색 실로 마무리했어요.

정성스럽게 완성한 카드 안에 편지를 써서 소중한 사람에게 선물해보세요.

수놓는 법

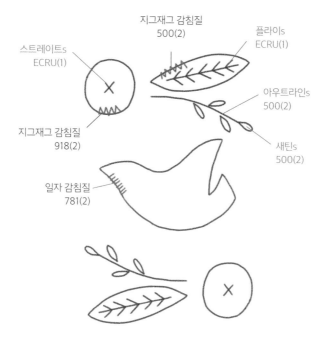

스트레이트s
ECRU(1)

지그재그 감침질
500(2)

플라이s
ECRU(1)

아우트라인s
500(2)

지그재그 감침질
918(2)

새틴s
500(2)

일자 감침질
781(2)

빨간색 글씨 - 아플리케, 갈색 글씨 - 자수(아플리케를 먼저 작업한 뒤 수놓아주세요.)

* 도안 설명은 스티치 → 실 번호 → (실의 가닥 수)로 표기했습니다.
예) 스트레이트s 3862(2) : 3862번 실 2가닥으로 스트레이트 스티치를 합니다.

새

• 사용한 원단	린넨(바탕: 흰색), 면 20수(새: 짙은 노란색)
• 사용한 실	DMC 25번사 781
• 사용한 스티치	일자 감침질

짙은 노란색 천을 새 모양으로 오려서 일자 감침질로 아플리케 해주세요(781번 실).

잎과 열매

• 사용한 원단	린넨(바탕: 흰색), 면 20수(잎: 초록색, 열매: 짙은 빨간색)
• 사용한 실	DMC 25번사 500, 918, ECRU
• 사용한 스티치	지그재그 감침질, 새틴 스티치, 스트레이트 스티치, 아우트라인 스티치, 플라이 스티치

1. 초록색 천을 도안대로 오려서 아플리케 한 새 위와 아래쪽에 위치를 잡아주세요.
2. 가장자리를 지그재그 감침질로 아플리케 해줍니다 (500번 실).
3. 잎사귀 안쪽은 ECRU 실로 플라이 스티치 해주세요.
4. 도안을 참고하여 잎사귀 옆쪽에 줄기를 아우트라인 스티치를 해주고, 작은 잎도 수놓아주세요(500번 실).
5. 짙은 빨간색 천을 동그랗게 오려서 아플리케 해주세요(지그재그 감침질, 918번 실).
6. 열매 안쪽은 ECRU 실로 수놓아주세요.

카드 만드는 방법

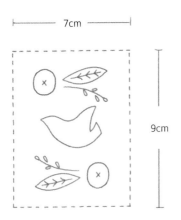

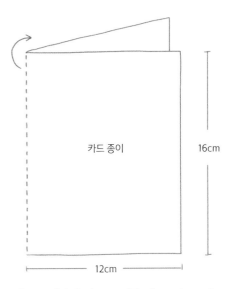

01 바탕천에 아플리케 자수 작업을 마무리한 뒤 그림이 중앙에 오도록 가로 7cm, 세로 9cm 크기로 잘라주세요.

02 카드로 사용할 카드 종이를 가로 24cm, 세로 16cm 크기로 잘라주고 가로로 반을 접어주세요.

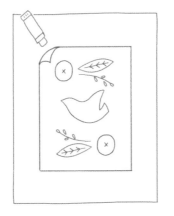

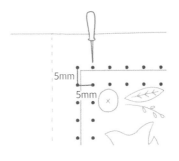

03 반으로 접은 종이 위에 1번의 자른 천을 중앙에 올려놓고 붙여주세요.

04 반으로 접었던 카드 종이를 펴서 준비해두고 송곳을 이용해서 천을 붙인 가장자리 둘레를 5mm 간격으로 구멍을 뚫어주세요(바늘이 통과할 수 있을 정도로만 살짝 뚫어주세요). 가장자리 둘레를 모두 뚫어준 뒤 안쪽으로 5mm 들어온 지점도 뚫어주세요.

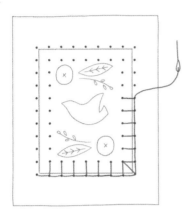

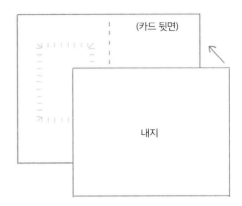

05 뚫어놓은 구멍에 DMC 자수실 918번 3가닥
으로 버튼홀 스티치를 해주세요(자수실 색상이나
스티치 종류를 바꿔서 해도 좋아요).

06 카드 안쪽 마감을 깔끔하게 하고 싶다면 얇
은 종이를 카드 종이보다 사방 2cm 정도 작은
크기로 잘라서 카드 뒷면에 붙여주면 됩니다.

마음을 전하는 카드 만들기

특별한 날에 감사하는 마음, 축하하는 마음을 전할 수 있는 카드를
직접 만들어보는 건 어떠세요?
간단한 글귀까지 함께 수놓아서 마음을 전해보세요.
저는 [좋았던 순간-생일(132쪽)]에서
사용했던 도안을 응용해서 생일카드도 같이 만들어봤어요.
여러분도 수록된 여러 도안을 활용해서 만들어보세요.

감사합니다.

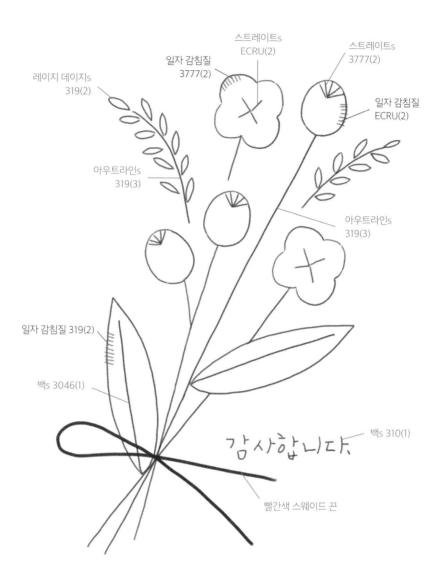

레이지 데이지s
319(2)

일자 감침질
3777(2)

스트레이트s
ECRU(2)

스트레이트s
3777(2)

일자 감침질
ECRU(2)

아우트라인s
319(3)

아우트라인s
319(3)

일자 감침질 319(2)

백s 3046(1)

백s 310(1)

감사합니다

빨간색 스웨이드 끈

빨간색 글씨 - 아플리케, 갈색 글씨 - 자수(아플리케를 먼저 작업한 뒤 수놓아주세요.)

* 도안 설명은 스티치 → 실 번호 → (실의 가닥 수)로 표기했습니다.
예) 스트레이트s 3862(2) : 3862번 실 2가닥으로 스트레이트 스티치를 합니다.

꽃다발

• 사용한 원단	면 20수(바탕: 연노란색), 린넨(꽃: 빨간색, 흰색, 잎: 초록색)
• 사용한 실	DMC 25번사 310, 319, 3046, 3777, ECRU, 스웨이드 끈(빨간색)
• 사용한 스티치	일자 감침질, 레이지 데이지 스티치, 백 스티치, 스트레이트 스티치, 아우트라인 스티치

1. 319번 실 3가닥으로 줄기를 수놓아주세요.
2. 빨간색 천과 흰색 천을 꽃 모양으로 오려서 줄기 끝에 아플리케 해주세요.
3. 초록색 천으로 잎을 아플리케 해주고 허전한 부분은 319번 실로 작은 잎들을 수놓아주세요.
4. 스웨이드 빨간색 끈을 한 번 꼬아서 꽃다발 아래쪽에 3777번 실로 고정시켜주세요.
5. 310번 실로 글자를 수놓아주세요.

카드 만드는 방법

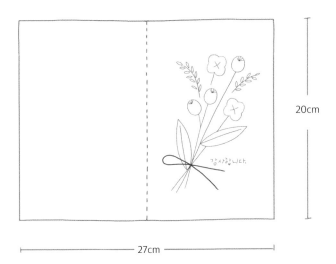

20cm

27cm

01 노란 바탕천을 가로 27cm, 세로 20cm 로 잘라준 뒤 가로로 반 접었을
때를 생각해서 꽃다발 아플리케 위치를 정한 뒤 수놓아주세요.

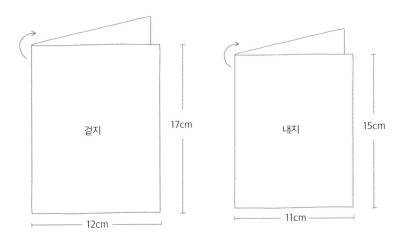

겉지

17cm

12cm

내지

15cm

11cm

02 종이는 겉지와 내지 두 장을 준비하는데 겉지는 가로 24cm, 세로 17cm로 자르고,
내지는 가로 22cm, 세로 15cm로 잘라서 가로로 반 접어주세요.

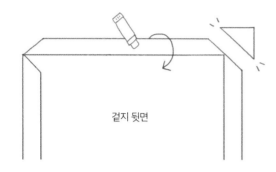

걸지 뒷면

03 걸지 위에 1번에서 수놓은 천을 중앙에 올려놓고 붙여주세요.
가장자리 여백에서 모서리는 삼각형으로 잘라내고 붙여주세요.

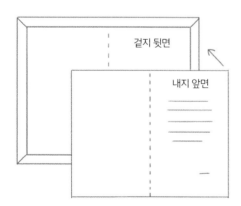

걸지 뒷면

내지 앞면

04 내지에 편지를 써서 겉지 뒷면에 붙여주세요.

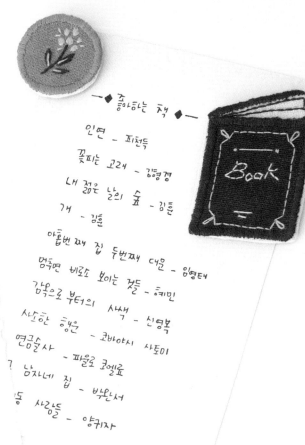

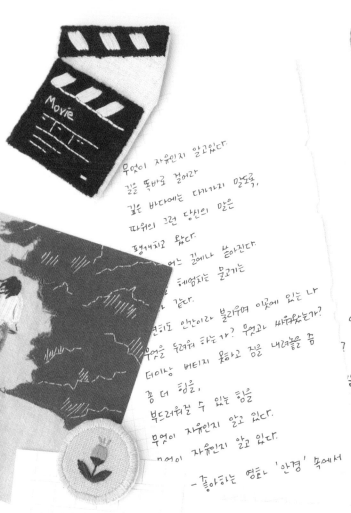

무엇이 자유인지 알고있다.

길을 똑바로 걸어라

깊은 바다에는 다가가지 말도록,

따위의 그런 당신의 말은

펼쳐지고 않다.

… 어느 길에나 쏟아진다.

… 헤엄치는 물고기는

… 같다.

…련도 인간이라 불리우며 이곳에 있는 나

무엇을 두려워 하는가? 무엇과 싸워있는가?

더이상 버티지 못하고 짐을 내려놓을 좀

꽁 더 힘을,

부드러워질 수 있는 힘을,

무엇이 자유인지 알고 있다.

…엇이 자유인지 알고 있다.

ㅡ좋아하는 영화 '안경' 속에서

리틀포레스트
여름과 가을

감독: 모리 준이치

승차권(승객용) No. 31

동서울 → ?산
Dongseoul

요금 18.600 원 좌석 어른

출발일 Date of departure	시간 Time	좌석 Seat No	차타는곳 Platform
			1. 5

…4210

승차권(승객용)

인천 → 동서울
INCHEON   DONG SEOUL

077391329

요금 4,500

결제구분 ?카드

08:10 01

요금:18600원 원

지정시간 좌석번호

마그넷 만들기

지금까지 만들었던 도안들을 응용해서 다른 색상의 천과
새로운 디자인으로 수를 놓고 뒷부분에는 자석을 부착해서 마그넷으로 완성해봤어요.
중요한 메모, 좋아하는 글귀나 사진을 붙여두는
메모보드에 직접 만든 마그넷으로 꾸며보세요.

도안

수놓는 법

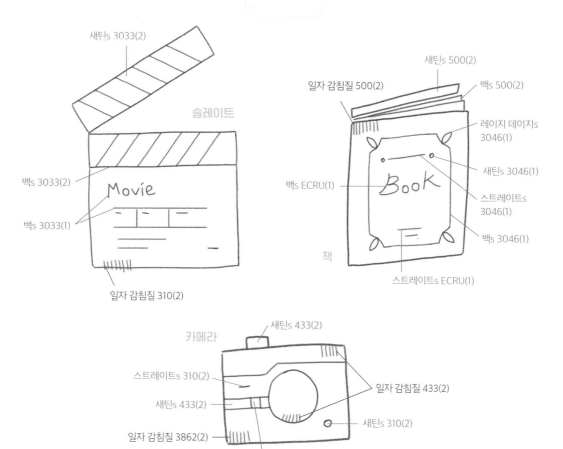

슬레이트

새틴s 3033(2)

백s 3033(2)

백s 3033(1)

Movie

일자 감침질 310(2)

책

새틴s 500(2)

일자 감침질 500(2)

백s 500(2)

레이지 데이지s 3046(1)

새틴s 3046(1)

백s ECRU(1)

Book

스트레이트s 3046(1)

백s 3046(1)

스트레이트s ECRU(1)

카메라

새틴s 433(2)

스트레이트s 310(2)

새틴s 433(2)

일자 감침질 3862(2)

새틴s 841(2)

일자 감침질 433(2)

새틴s 310(2)

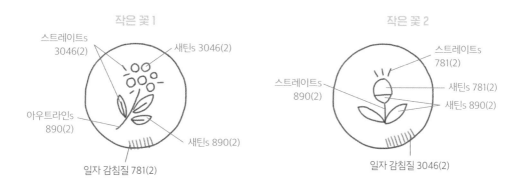

작은 꽃 1

스트레이트s 3046(2)

새틴s 3046(2)

아우트라인s 890(2)

새틴s 890(2)

일자 감침질 781(2)

작은 꽃 2

스트레이트s 781(2)

스트레이트s 890(2)

새틴s 781(2)

새틴s 890(2)

일자 감침질 3046(2)

빨간색 글씨 - 아플리케, 검은색 글씨 - 자수(아플리케를 먼저 작업한 뒤 수놓아 주세요.)

* 도안설명은 스티치 → 실 번호 → (실의 가닥수)로 표기했습니다.
예) 스트레이트s 3862(2) : 3862번 실 2가닥으로 스트레이트 스티치를 합니다.

책

• 사용한 원단	면 20수(바탕: 아이보리색, 책: 초록색)
• 사용한 실	DMC 25번사 500, 3046, ECRU
• 사용한 스티치	일자 감침질, 레이지 데이지 스티치, 백 스티치, 새틴 스티치, 스트레이트 스티치

1. [좋았던 순간-잠깐의 휴식(127쪽)]의 책 도안에서 천 색상을 초록색으로 변경해서 아플리케 해주세요(일 자 감침질, 500번 실).
2. 3046번 실과 ECRU 실을 이용해서 책표지를 꾸며주 세요.

카메라

• 사용한 원단	면 20수(바탕: 아이보리색, 카메라: 연갈색)
• 사용한 실	DMC 25번사 310, 433, 841, 3862
• 사용한 스티치	일자 감침질, 새틴 스티치, 스트레이트 스티치

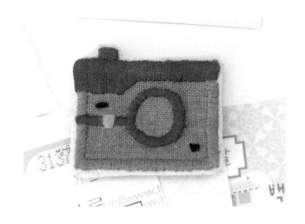

1. [좋았던 순간-여행의 시작(139쪽)]의 카메라 도안보다 좀 더 큰 크기로 연갈색 천을 오려서 아플리케 해주 세요(일자 감침질, 433번 실과 3862번 실).
2. 카메라 렌즈 부분에 입체감을 주기 위해서 연갈색 천 을 원 모양으로 오리고 433번 실을 이용해서 아플리 케 해주세요.
3. 셔터와 렌즈 끈 이음새 부분을 수놓아주세요.

슬레이트

- **사용한 원단** 면 20수(바탕: 아이보리색, 슬레이트: 검은색)
- **사용한 실** DMC 25번사 310, 3033
- **사용한 스티치** 일자 감침질, 백 스티치, 새틴 스티치

1. [좋았던 순간-재미있는 영화를 봤던 날(153쪽)]의 슬레이트 도안에서 천 색상을 검은색으로 변경해서 아플리케 해주세요(일자 감침질, 310번 실).
2. 3033번 실을 이용해서 슬레이트 안쪽을 수놓아주세요.

작은 꽃 1

- **사용한 원단** 면 20수(바탕: 아이보리색), 린넨(꽃: 짙은 노란색)
- **사용한 실** DMC 25번사 781, 890, 3046
- **사용한 스티치** 일자 감침질, 새틴 스티치, 스트레이트 스티치, 아우트라인 스티치

1. 짙은 노란색 천을 작은 원 모양으로 오려서 바탕천 위에 아플리케 해주세요.
2. 890번 실과 3046번 실로 작은 꽃을 수놓아주세요.

작은 꽃 2

- **사용한 원단** 면 20수(바탕: 아이보리색), 린넨(꽃: 노란색)
- **사용한 실** DMC 25번사 781, 890, 3046
- **사용한 스티치** 일자 감침질, 새틴 스티치, 스트레이트 스티치

1. 노란색 천을 작은 원 모양으로 오려서 바탕천 위에 아플리케 해주세요.
2. 781번 실과 890번 실로 작은 꽃을 수놓아주세요.

마그넷 만드는 방법

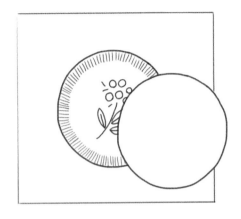

01 수놓은 원단 뒷면에 부착할 펠트지를 도안 크기와 동일하게 잘라서 준비해주세요.

02 바탕천 위에 수놓은 부분 바깥쪽으로 2cm 정도 여유를 두고 잘라주세요.

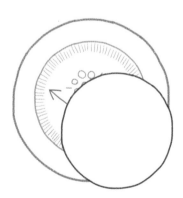

03 오려낸 천 뒷면에 펠트지를 붙여주세요.

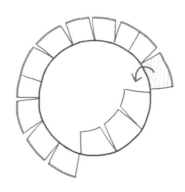

04 가장자리에 가위집을 내서 안쪽으로 붙여주세요. 붙이기 힘든 곡선 부분은 가위집 간격을 좀 더 촘촘하게 내주세요.

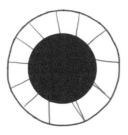

05 마지막으로 자석을 접착제로 붙여주세요.

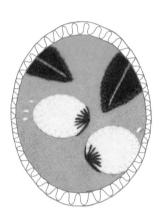

방 꾸미기

동그란 귀여운 꽃이 피어 있는 패브릭 포스터입니다.

바탕천을 잘라서 가장자리를 접어 바느질해주면 간단하게 포스터를 완성할 수 있어요.

같은 도안이라도 배경 천의 색만 바꿔줘도 분위기가 달라져요.

내가 직접 한 땀씩 수놓은 그림으로 방을 꾸며보는 건 어떨까요?

도안

수놓는 법

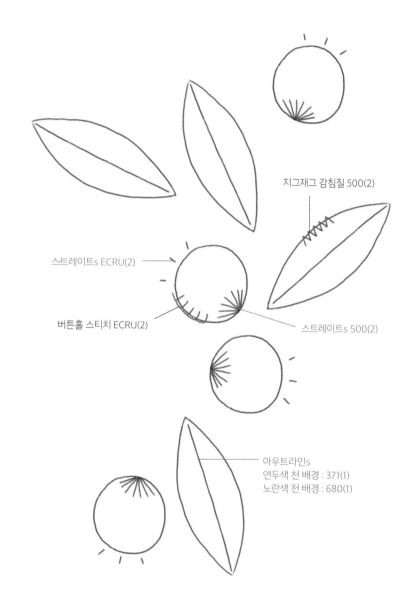

지그재그 감침질 500(2)

스트레이트s ECRU(2)

버튼홀 스티치 ECRU(2)

스트레이트s 500(2)

아우트라인s
연두색 천 배경 : 371(1)
노란색 천 배경 : 680(1)

빨간색 글씨 - 아플리케, 갈색 글씨 - 자수(아플리케를 먼저 작업한 뒤 수놓아주세요.)

* 도안 설명은 스티치 → 실 번호 → (실의 가닥 수)로 표기했습니다.
예) 스트레이트s 3862(2) : 3862번 실 2가닥으로 스트레이트 스티치를 합니다.

꽃

• 사용한 원단	면 10수(바탕: 연두색), 린넨(꽃: 흰색)
• 사용한 실	DMC 25번사 500, ECRU
• 사용한 스티치	버튼홀 스티치, 스트레이트 스티치

1. 흰색 천을 동그랗게 오려서 바탕천 위에 고정해주세요.
2. 가장자리를 ECRU 실로 버튼홀 스티치로 아플리케해주세요.
3. 꽃받침은 500번 실로 스트레이트 스티치하고, 꽃수술은 ECRU 실로 수놓아주세요.

잎

• 사용한 원단	면 10수(바탕: 연두색), 면 20수(잎: 초록색)
• 사용한 실	DMC 25번사 371, 500
• 사용한 스티치	지그재그 감침질, 아우트라인 스티치

1. 초록색 천을 잎 모양으로 여러 장 오려서 원하는 위치에 고정해주세요.
2. 지그재그 감침질로 아플리케 해주세요(500번 실).
3. 잎 안쪽은 아우트라인 스티치로 완성해주세요(371번 실).

액자와 포스터 만드는 방법

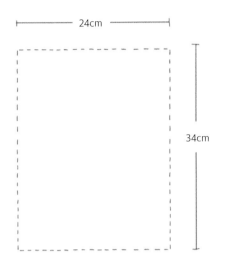

01 바탕천을 가로 24cm, 세로 34cm 크기로 잘라주세요(액자로 만들 때는 사용할 액자 뒤판 크기보다 사방 3cm 정도 크게 잘라주세요).

02 바탕천 위에 아플리케 해주세요. 자수 작업이 끝나면 위에 얇은 천을 올려놓고 약한 열로 다림질해주세요.

03 액자로 마무리할 경우 액자 뒤편 중앙을 맞춰서 천을 붙여주세요.

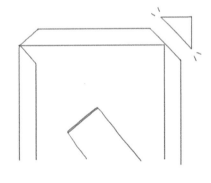

04 천 가장자리 부분은 뒷면에서 살짝 당기면서 붙여주세요. 모서리는 삼각형 모양으로 잘라내고 붙이면 천이 겹치지 않아 좀 더 깔끔하게 마무리됩니다.

(뒷면)

05 포스터로 마무리할 경우 뒷면에서 1cm 안
으로 접고, 한 번 더 1cm 접은 다음 홈질로 마
감해주세요.

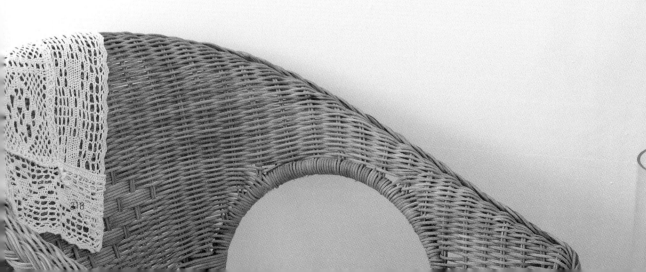

다양한 프레임 활용해보기

도안을 따라서 아플리케 자수를 예쁘게 완성한 후 액자에 끼울 때
액자 프레임의 비율, 모양, 색에 따라서 전혀 다른 느낌이 되기도 해요.
정해져있는 정답이 있는 것은 아니니
여러 프레임에 대보면서 어울리는 모습을 찾아보는 재미를 느껴보세요.

원목 액자

종이, 플라스틱, 유리 등 다양한 재질의 액자가 있지만 저는 자수의 따뜻한 느낌과 잘 어울리는 원목 액자를 가장 선호해요. 원목 액자도 나무의 종류와 후가공에 따라 나뭇결, 색상이 다양하기 때문에 작품의 전체적인 분위기와 비슷한 느낌으로 선택하면 좋을 것 같아요.

캔버스/판넬

대형 문구점이나 화방에서 많이 판매하는 캔버스보드나 나무 패널에 작품을 붙여서 마무리해도 좋아요. 캔버스보드나 패널을 감싸서 뒤쪽을 스테이플러나 목공용 풀로 고정시켜주면 됩니다.

프레임 무늬

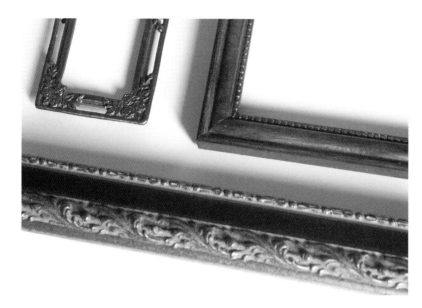

기본적인 프레임보다 조금은 화려한 프레임을 사용해보는 것도 좋아요. 앤티크 느낌이 더해져서 작품의 분위기가 색다르게 느껴질 거예요.

파우치 만들기

화장품이나 이어폰, 열쇠 등 작은 소품을 담기 좋은 파우치예요.

앞면에는 예쁜 화장품 병을 아플리케 해줬습니다.

파우치에 주로 담을 소품의 모습을 아플리케 해줘도 좋을 것 같아요.

수놓는 법

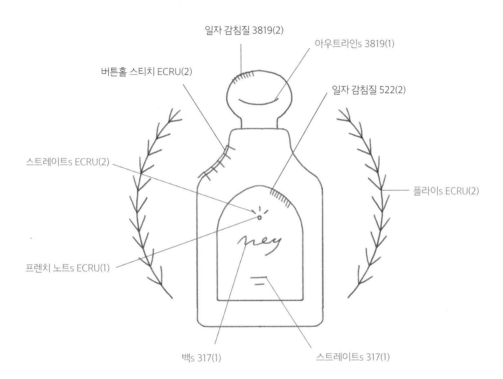

일자 감침질 3819(2)

아우트라인s 3819(1)

버튼홀 스티치 ECRU(2)

일자 감침질 522(2)

스트레이트s ECRU(2)

플라이s ECRU(2)

프렌치 노트s ECRU(1)

백s 317(1)

스트레이트s 317(1)

빨간색 글씨 - 아플리케, 갈색 글씨 - 자수(아플리케를 먼저 작업한 뒤 수놓아주세요.)

* 도안 설명은 스티치 → 실 번호 → (실의 가닥 수)로 표기했습니다.
예) 스트레이트s 3862(2) : 3862번 실 2가닥으로 스트레이트 스티치를 합니다.

화장품

• **사용한 원단**	린넨(바탕: 청보라색, 화장품 뚜껑: 연한 노란색, 화장품 병: 흰색)
• **사용한 실**	DMC 25번사 3819, ECRU
• **사용한 스티치**	버튼홀 스티치, 일자 감침질, 아웃라인 스티치

1. 연한 노란색 천을 도안대로 오려서 바탕천 위에 올려 놓고, 그 위로 흰색 천을 병 모양으로 오려서 고정해 주세요.
2. 뚜껑 부분은 3819번 실로 일자 감침질, 병은 ECRU 실로 버튼홀 스티치해주세요.
3. 뚜껑 안은 3819번 실로 아웃라인 스티치로 입체감 을 주세요.

라벨 / 테두리

• **사용한 원단**	린넨(바탕: 청보라색, 라벨: 민트색)
• **사용한 실**	DMC 25번사 317, 522, ECRU
• **사용한 스티치**	일자 감침질, 백 스티치, 스트레이트 스티치, 프렌치 노트 스티치, 플라이 스티치

라벨

1. 민트색 천을 라벨 모양으로 오려서 화장품 병 위에 아플리케 해주세요(일자 감침질, 522번 실).
2. 317번, ECRU 실로 라벨 안을 꾸며주세요.

테두리

수성펜으로 테두리를 미리 그려놓고 ECRU 실로 플라 이 스티치해주세요.

파우치 만드는 방법

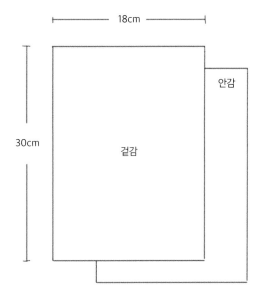

01 가로 18cm, 세로 30cm 크기로 겉감과 안감 2장을 잘라서 준비해주세요.

02 겉감 앞면에 아플리케 자수를 해주세요(세로로 반을 접어서 아플리케 할 위치를 잡아주고 시침질이나 패브릭용 풀로 고정시킨 뒤 아플리케 해주세요).

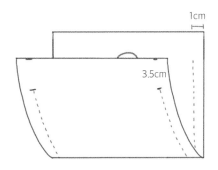

03 아플리케 자수를 끝내고 겉감 앞면끼리 마주 보도록 세로로 반을 접어주세요. 양옆을 시접 1cm로 박음질해주세요. 이때 양옆 상단 3.5cm 부분은 건너뛰고 박음질해주세요. 완성 후 이 자리로 끈을 넣어줄 거예요.

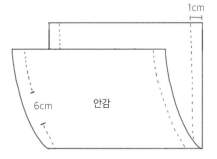

04 안감도 반을 접어 양옆 시접 1cm로 박음질해주세요. 안감은 한쪽 면에 창구멍 6cm를 제외하고 박음질해주세요.

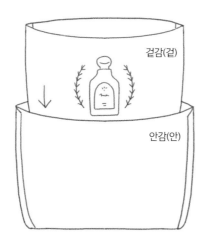

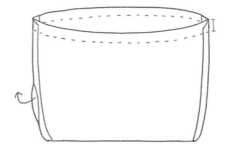

05 겉감만 뒤집어서 안감 안에 넣어주세요(안감의 겉과 겉감의 겉이 서로 마주 보도록 해주세요).

06 안감 안에 겉감을 맞춰서 넣어주고 상단을 1cm 시접으로 박음질해주세요. 박음질을 끝내면 옆면 창구멍으로 겉감을 꺼내면서 뒤집어주세요. 뒤집은 후 안감의 창구멍은 홈질이나 박음질 또는 공그르기로 마무리해주세요.

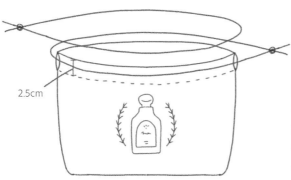

2.5cm

07 겉면 상단에서 2.5cm 내려온 지점을 수성펜으로 표시하고 전체 둘레를 홈질해주세요. 끈 2개를 구멍에 엇갈리게 끼워주세요(옷핀이나 끈 끼우개를 사용하면 편하게 끼울 수 있습니다). 구멍을 통과한 끈 끝에 매듭을 지어서 끈이 구멍으로 들어가지 않도록 해주세요.

가방 만들기

카디건과 양말을 아플리케 해서 작은 손가방으로 만들었어요.

저는 잠시 외출할 때 지갑이나

핸드폰을 넣고 다니기에 편해서 손가방을 자주 사용해요.

바탕천이나 끈 색상을 취향대로 선택하고

앞면 꾸밈도 내가 좋아하는 사물이나 옷차림을

아플리케 한, 세상에 하나뿐인 가방을 만들어볼까요?

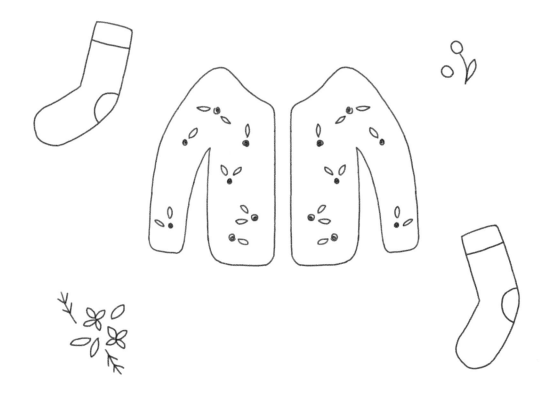

수놓는 법

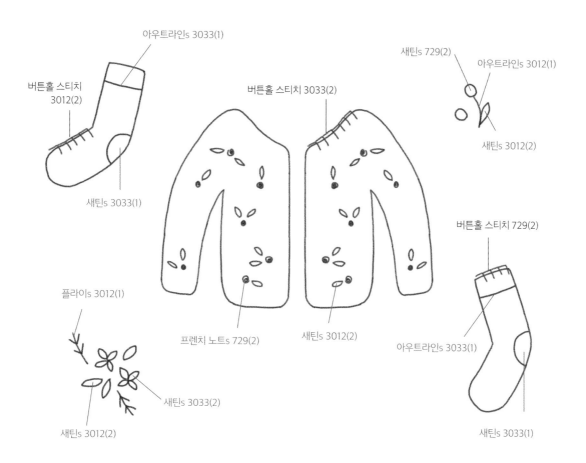

아우트라인s 3033(1)

버튼홀 스티치
3012(2)

새틴s 3033(1)

버튼홀 스티치 3033(2)

새틴s 729(2)

아우트라인s 3012(1)

새틴s 3012(2)

버튼홀 스티치 729(2)

아우트라인s 3033(1)

새틴s 3033(1)

플라이s 3012(1)

프렌치 노트s 729(2)

새틴s 3012(2)

새틴s 3033(2)

새틴s 3012(2)

빨간색 글씨 - 아플리케, 갈색 글씨 - 자수(아플리케를 먼저 작업한 뒤 수놓아주세요.)

* 도안 설명은 스티치 → 실 번호 → (실의 가닥 수)로 표기했습니다.
예) 스트레이트s 3862(2) : 3862번 실 2가닥으로 스트레이트 스티치를 합니다.

카디건

• **사용한 원단**	면 10수(바탕: 남색), 린넨(카디건: 아이보리색)
• **사용한 실**	DMC 25번사 729, 3012, 3033
• **사용한 스티치**	버튼홀 스티치, 새틴 스티치, 프렌치 노트 스티치

1. 바탕천 위에 카디건을 아플리케 해주세요(버튼홀 스티치, 3033번 실).
2. 729번과 3012번 실로 카디건 안에 꽃과 잎들을 수놓아주세요.

양말

• **사용한 원단**	면 10수(바탕: 남색, 양말: 연두색), 면 20수(양말: 노란색)
• **사용한 실**	DMC 25번사 729, 3012, 3033
• **사용한 스티치**	버튼홀 스티치, 새틴 스티치, 아우트라인 스티치

1. 연두색 천과 노란색 천을 양말 모양으로 1개씩 오려서 카디건 주위에 아플리케 해주세요.
    • 연두색 양말: 버튼홀 스티치, 3012번 실
    • 노란색 양말: 버튼홀 스티치, 729번 실
2. 양말 무늬와 뒤꿈치는 3033번 실로 수놓아주세요.

꽃과 잎

• **사용한 원단**	면 10수(바탕: 남색)
• **사용한 실**	DMC 25번사 729, 3012, 3033
• **사용한 스티치**	새틴 스티치, 아우트라인 스티치, 플라이 스티치

1. 카디건과 양말을 아플리케 하고 비어 있는 자리에 꽃과 잎들을 자연스럽게 수놓아주세요(3033번, 3012번, 729번 실).

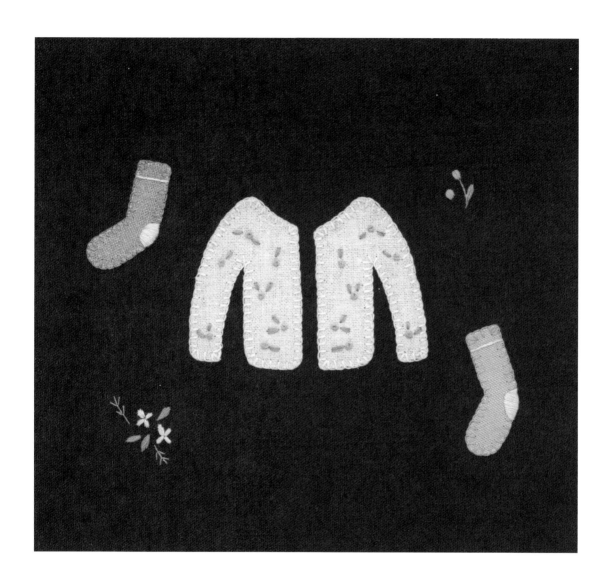

가방 만드는 방법

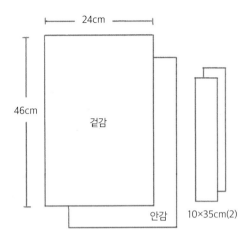

01 가로 24cm, 세로 46cm 크기로 겉감과 안감 2장을 잘라서 준비해주세요. 가방끈을 만들 천은 가로 10cm, 세로 35cm 크기로 2장 준비해주세요.

02 겉감 앞면에 아플리케 자수를 해주세요(세로로 반을 접어서 아플리케 할 위치를 잡고 시침질이나 패브릭용 풀로 고정시킨 뒤 아플리케 해주세요).

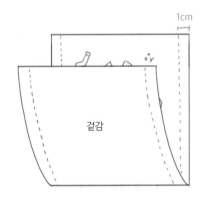

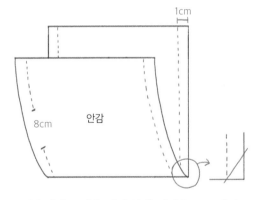

03 아플리케 자수를 끝내고 겉감 앞면끼리 마주 보도록 세로로 반을 접어주세요. 양옆을 시접 1cm로 박음질해주세요.

04 안감도 반을 접어 양옆 시접을 1cm 남기고 박음질을 해주세요. 안감은 한쪽 면에 창구멍 8cm를 제외하고 박음질해주세요. 양옆 박음질이 끝나면 겉감과 안감 모두 모서리 부분을 삼각형 모양으로 살짝 잘라내주세요(박음질 부분이 잘리지 않도록 주의해주세요).

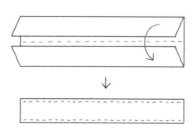

05 가방끈은 10cm 면을 반으로 접어 표시해주고, 양옆을 가운데 선에 맞춰 접어주세요. 그 상태에서 다시 반을 접어서 양옆을 박음질해주세요. 같은 방법으로 다른 끈도 만들어주세요.

06 겉감 앞면이 앞으로 오도록 뒤집어주세요. 뒤집은 겉감 양쪽에서 5cm 정도 떨어진 지점에 가방끈을 고정해주세요. 뒷면에도 같은 위치에 가방끈을 고정해주세요.

07 안감의 겉과 겉감의 겉이 서로 마주 보도록 안감 안으로 겉감을 넣어주세요.

08 상단을 1cm 시접으로 박음질해주세요. 박음질을 끝내면 옆면 창구멍으로 겉감을 꺼내면서 뒤집어주세요. 뒤집은 후 안감의 창구멍은 홈질이나 박음질 또는 공그르기로 마무리해주세요.

원피스 리폼하기

간단한 도안을 여러 번 반복해서 수놓으면

멋진 패턴을 만들 수 있어요.

이 방법을 밋밋했던 원피스에 적용해봤어요.

소매 부분이나 치마밑단에 해봐도 좋을 것 같아요.

평범하게 입었던 원피스에 나만의 색을 더 해보는 건 어떨까요?

수놓는 법

새틴s 3046(2)

스트레이트s
3046(3)

새틴s 781(2)

일자 감침질 3046(2)

일자 감침질 3012(2)

스트레이트s
781(2)

아우트라인s
3012(3)

백s 3051(2)

빨간색 글씨 - 아플리케, 검은색 글씨 - 자수(아플리케를 먼저 작업한 뒤 수놓아 주세요.)

＊도안설명은 스티치 → 실 번호 → (실의 가닥수)로 표기했습니다.
예) 스트레이트s 3862(2) : 3862번 실 2가닥으로 스트레이트 스티치를 합니다.

꽃

• 사용한 원단	면 20수(잎: 연두색), 린넨(꽃: 노란색)
• 사용한 실	DMC 25번사 781, 3012, 3046, 3051
• 사용한 스티치	일자 감침질, 백 스티치, 새틴 스티치, 스트레이트 스티치, 아우트라인 스티치

1. 노란색 천을 반원 모양으로 오려서 아플리케 해주세요.
2. 연두색 천으로 잎을 아플리케 해주세요.
3. 781번 실, 3012번 실, 3046번 실, 3051번 실을 이용해서 꽃과 잎을 꾸며주세요.
4. 이 과정을 원피스 목선을 따라 여러 번 반복해주세요.

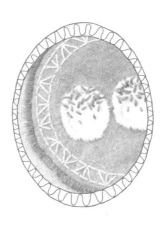

밸런스 커튼 만들기

주전자, 찻잔, 쿠키, 마들렌, 접시를 수놓아 티타임 분위기를 표현했어요.
바탕천을 크게 재단하고 가장자리를 접어서 바느질해주면
작은 창문 가리개로 사용하거나 인테리어 연출용으로
벽면에 걸 수 있는 밸런스 커튼으로 완성돼요.
사용하려는 공간과 관련된 물건들을 수놓아 걸어두면
익숙했던 공간도 새로운 분위기로 느껴질 거예요.

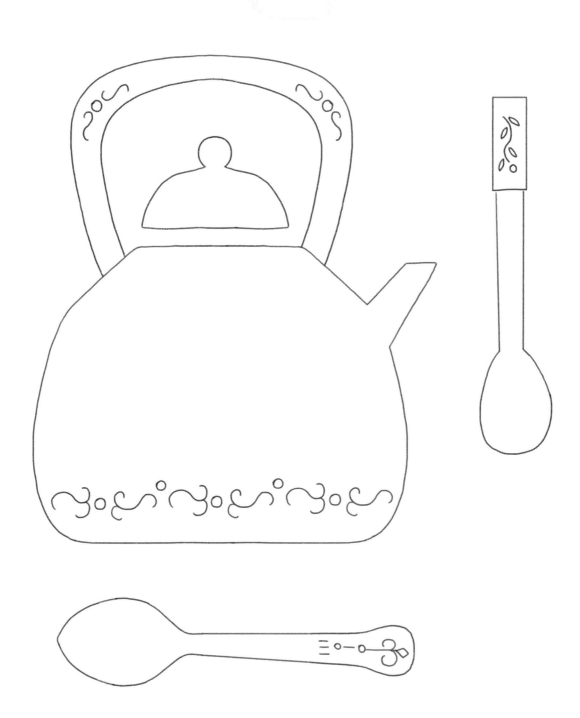

도안

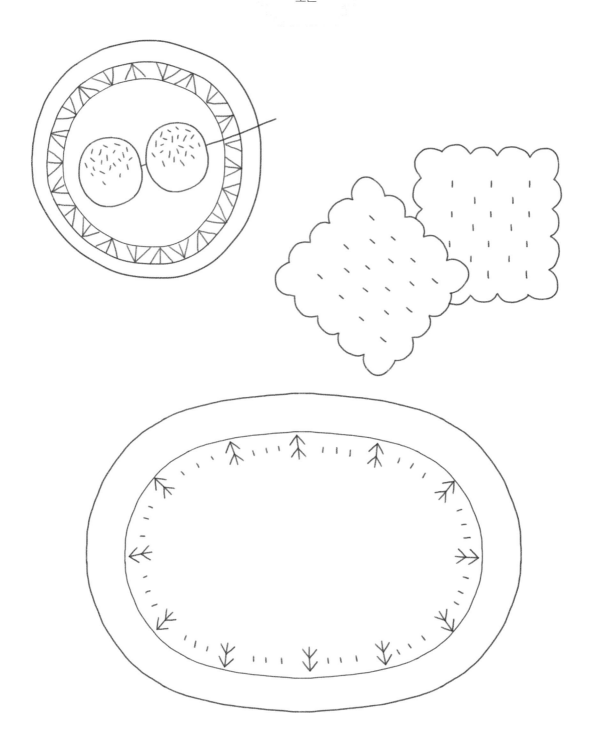

수놓는 법

새틴s 435(2)

아우트라인s 435(2)

일자 감침질 3012(2)

아우트라인s
ECRU(1)

새틴s ECRU(1)

프렌치 노트s
ECRU(1)

일자 감침질
ECRU(2)

일자 감침질 435(2)

일자 감침질
ECRU(2)

살구색 주전자

아우트라인s ECRU(2)

새틴s ECRU(2)

연두색 손잡이 티스푼

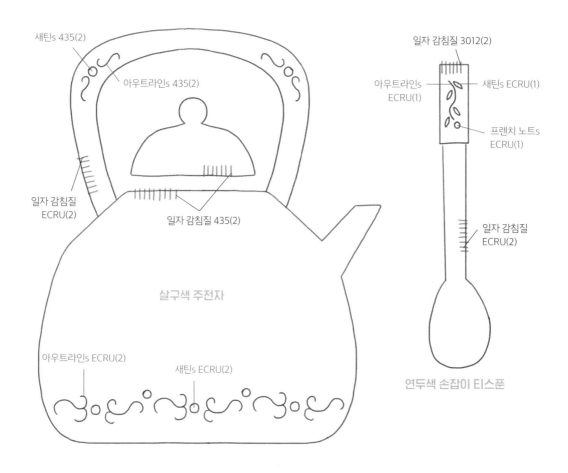

프렌치 노트s 924(1)

아우트라인s 924(1)

새틴s 924(1)

티스푼

스트레이트s 924(1)

일자 감침질 ECRU(2)

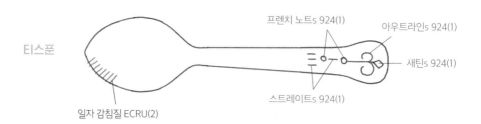

빨간색 글씨 - 아플리케, 검은색 글씨 - 자수(아플리케를 먼저 작업한 뒤 수놓아 주세요.)

* 도안설명은 스티치 → 실 번호 → (실의 가닥수)로 표기했습니다.
예) 스트레이트s 3862(2) : 3862번 실 2가닥으로 스트레이트 스티치를 합니다.

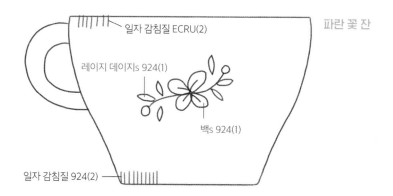

일자 감침질 ECRU(2)

파란 꽃 잔

레이지 데이지s 924(1)

백s 924(1)

일자 감침질 924(2)

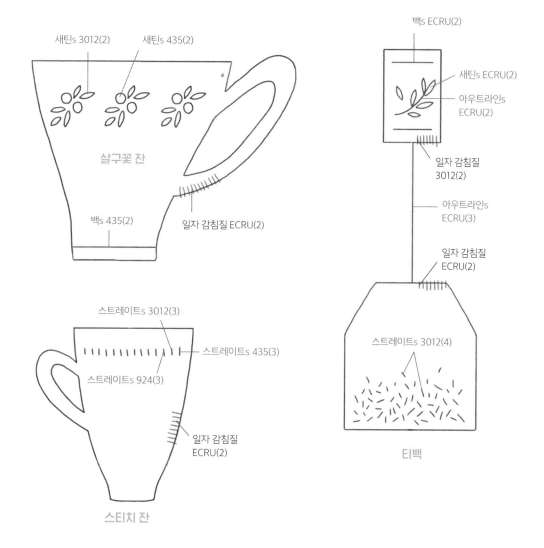

새틴s 3012(2)

새틴s 435(2)

살구꽃 잔

백s 435(2)

일자 감침질 ECRU(2)

백s ECRU(2)

새틴s ECRU(2)

아우트라인s ECRU(2)

일자 감침질 3012(2)

아우트라인s ECRU(3)

일자 감침질 ECRU(2)

스트레이트s 3012(4)

티백

스트레이트s 3012(3)

스트레이트s 435(3)

스트레이트s 924(3)

일자 감침질 ECRU(2)

스티치 잔

수놓는 법

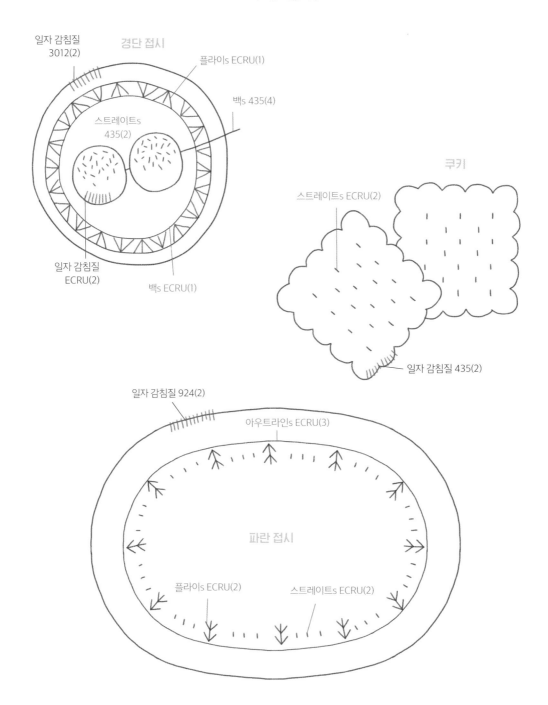

경단 접시

일자 감침질
3012(2)

플라이s ECRU(1)

백s 435(4)

스트레이트s
435(2)

일자 감침질
ECRU(2)

백s ECRU(1)

쿠키

스트레이트s ECRU(2)

일자 감침질 435(2)

일자 감침질 924(2)

아우트라인s ECRU(3)

파란 접시

플라이s ECRU(2)

스트레이트s ECRU(2)

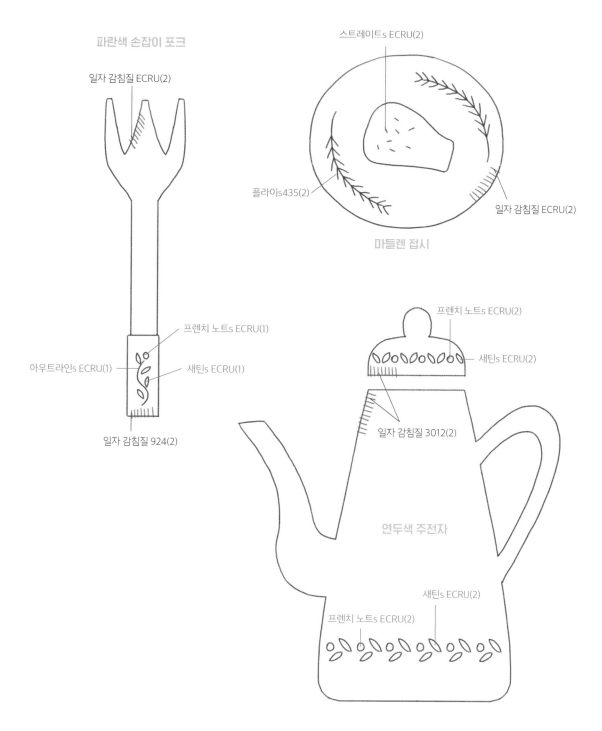

파란색 손잡이 포크

일자 감침질 ECRU(2)

프렌치 노트s ECRU(1)

아웃라인s ECRU(1)

새틴s ECRU(1)

일자 감침질 924(2)

스트레이트s ECRU(2)

플라이s435(2)

일자 감침질 ECRU(2)

마들렌 접시

프렌치 노트s ECRU(2)

새틴s ECRU(2)

일자 감침질 3012(2)

연두색 주전자

새틴s ECRU(2)

프렌치 노트s ECRU(2)

빨간색 글씨 - 아플리케, 검은색 글씨 - 자수(아플리케를 먼저 작업한 뒤 수놓아 주세요.)

* 도안설명은 스티치 → 실 번호 → (실의 가닥수)로 표기했습니다.
예) 스트레이트s 3862(2) : 3862번 실 2가닥으로 스트레이트 스티치를 합니다.

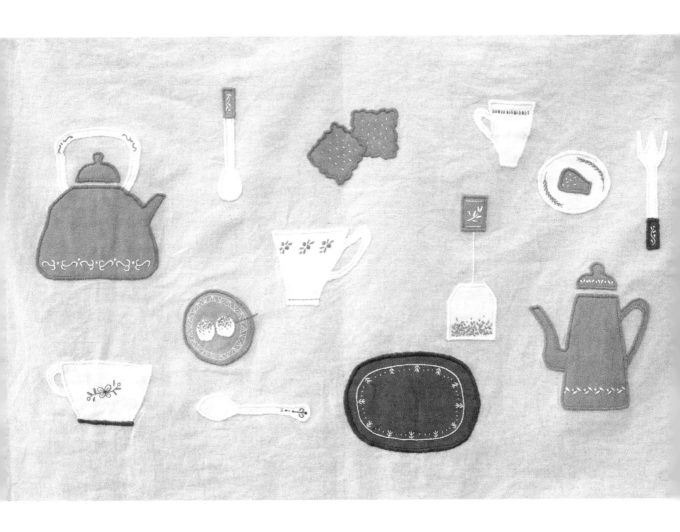

살구색 주전자

• 사용한 원단	면 20수(주전자: 살구색), 린넨(바탕: 아이보리색, 손잡이: 흰색)
• 사용한 실	DMC 25번사 435, ECRU
• 사용한 스티치	일자 감침질, 새틴 스티치, 아웃라인 스티치

1. 살구색 천을 주전자와 주전자 뚜껑 모양으로 오려서 바탕천 위에 올려놓고 손잡이는 흰색 천으로 오려서 자리를 정해주세요.
2. 손잡이 부분 먼저 아플리케 해주세요.
3. 435번 실로 주전자와 뚜껑을 일자 감침질해주세요.
4. 435번 실과 ECRU번 실로 손잡이와 주전자 부분을 꾸며주세요.

연두색 손잡이 티스푼

• 사용한 원단	면 20수(손잡이: 연두색), 린넨(바탕: 아이보리색, 티스푼: 흰색)
• 사용한 실	DMC 25번사 3012, ECRU
• 사용한 스티치	일자 감침질, 새틴 스티치, 아웃라인 스티치, 프렌치 노트 스티치

1. 바탕천 위에 흰색 천으로 티스푼을 아플리케 해주세요.
2. 연두색 천을 사각형으로 오려서 티스푼 손잡이를 아플리케 해주세요.
3. 손잡이 장식 부분은 ECRU번 실로 수놓아주세요.

티스푼

• 사용한 원단	린넨(바탕: 아이보리색, 티스푼: 흰색)
• 사용한 실	DMC 25번사 924, ECRU
• 사용한 스티치	일자 감침질, 새틴 스티치, 스트레이트 스티치, 아우트라인 스티치, 프렌치 노트 스티치

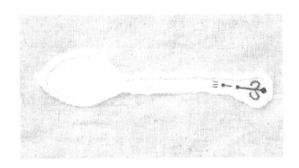

1. 바탕천 위에 흰색 천으로 티스푼을 아플리케 해주세요.
2. 924번 실로 티스푼을 꾸며주세요.

파란 꽃 잔

• 사용한 원단	린넨(바탕: 아이보리색, 잔: 흰색)
• 사용한 실	DMC 25번사 924, ECRU
• 사용한 스티치	일자 감침질, 레이지 데이지 스티치, 백 스티치

1. 바탕천 위에 흰색 천으로 커피 잔을 아플리케 해주세요. 손잡이와 위쪽은 ECRU번 실, 잔 아래쪽은 924번 실로 일자 감침질해주세요.
2. 924번 실로 파란 꽃을 수놓아주세요.

경단 접시

- **사용한 원단**   면 20수(접시: 연두색), 린넨(바탕: 아이보리색, 경단: 흰색)
- **사용한 실**   DMC 25번사 435, 3012, ECRU
- **사용한 스티치**   일자 감침질, 백 스티치, 스트레이트 스티치, 플라이 스티치

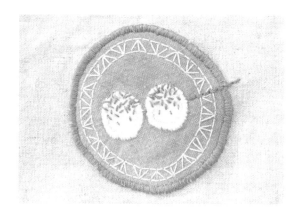

1. 연두색 천을 접시 모양으로 오려서 아플리케 해주세요.
2. 흰색 천을 원으로 2장 오려서 접시 위에 아플리케 해주세요.
3. ECRU번 실로 접시를 꾸며주고 435번 실로 경단 위 가루와 꼬지를 수놓아주세요.

쿠키

- **사용한 원단**   면 20수(쿠키: 살구색), 린넨(바탕: 아이보리색)
- **사용한 실**   DMC 25번사 435, ECRU
- **사용한 스티치**   일자 감침질, 스트레이트 스티치

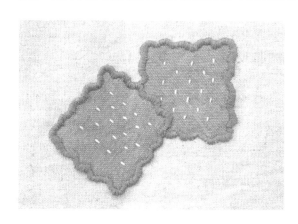

1. 살구색 천을 도안을 따라 두 장 오려서 바탕천 위에 아플리케 해주세요.
2. ECRU번 실로 쿠키 안쪽을 수놓아주세요.

살구꽃 잔

• 사용한 원단	린넨(바탕: 아이보리색, 잔: 흰색)
• 사용한 실	DMC 25번사 435, 3012, ECRU
• 사용한 스티치	일자 감침질, 백 스티치, 새틴 스티치

1. 바탕천 위에 흰색 천으로 커피 잔을 아플리케 해주세요.
2. 435번 실과 3012번 실로 살구꽃과 잎을 수놓아주세요.
3. 잔 아래쪽은 435번 실로 백 스티치 해주세요.

티백

• 사용한 원단	면 20수(택: 연두색), 린넨(바탕: 아이보리색, 티백: 흰색)
• 사용한 실	DMC 25번사 3012, ECRU
• 사용한 스티치	일자 감침질, 백 스티치, 새틴 스티치, 스트레이트 스티치, 아웃트라인 스티치

1. 바탕천 위에 흰색 천과 연두색 천을 도안을 따라 오려서 아플리케 해주세요.
2. 티백과 택 사이를 ECRU번 실로 아웃트라인 스티치 해주세요.
3. 택 안쪽을 ECRU번 실로 꾸며주고 티백 안쪽은 3012번 실로 찻잎들을 수놓아주세요.

스티치 잔

• **사용한 원단**	린넨(바탕: 아이보리색, 잔: 흰색)
• **사용한 실**	DMC 25번사 435, 924, 3012, ECRU
• **사용한 스티치**	일자 감침질, 스트레이트 스티치

1. 바탕천 위에 흰색 천으로 커피 잔을 아플리케 해주세요.
2. 435번 실, 924번 실, 3012번 실을 번갈아가면서 수놓아 커피 잔을 꾸며주세요.

파란 접시

• **사용한 원단**	면 20수(접시: 파란색), 린넨(바탕: 아이보리색)
• **사용한 실**	DMC 25번사 924, ECRU
• **사용한 스티치**	일자 감침질, 스트레이트 스티치, 아우트라인 스티치, 플라이 스티치

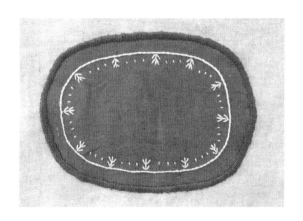

1. 파란색 천으로 접시를 일자 감침질로 아플리케 해주세요.
2. ECRU번 실로 접시무늬를 수놓아주세요.

파란색 손잡이 포크

• 사용한 원단	면 20수(손잡이: 파란색), 린넨(바탕: 아이보리색, 포크: 흰색)
• 사용한 실	DMC 25번사 924, ECRU
• 사용한 스티치	일자 감침질, 새틴 스티치, 아우트라인 스티치, 프렌치 노트 스티치

1. 바탕천 위에 흰색 천으로 포크를 아플리케 해주세요.
2. 파란색 천을 사각형으로 오려서 포크 손잡이를 아플리케 해주세요.
3. 손잡이 장식 부분은 ECRU번 실로 수놓아주세요.

마들렌 접시

• 사용한 원단	면 20수(마들렌: 살구색), 린넨(바탕: 아이보리색, 접시: 흰색)
• 사용한 실	DMC 25번사 435, ECRU
• 사용한 스티치	일자 감침질, 스트레이트 스티치, 플라이 스티치

1. 바탕천 위에 흰색 접시를 아플리케 해주세요.
2. 살구색 천으로 접시 위에 마들렌을 표현해주세요.
3. ECRU번 실로 마들렌 위 슈거 파우더를 수놓고, 435 번 실로 접시무늬를 수놓아주세요.

연두색 주전자

• **사용한 원단**	면 20수(주전자: 연두색), 린넨(바탕: 아이보리색)
• **사용한 실**	DMC 25번사 3012, ECRU
• **사용한 스티치**	일자 감침질, 새틴 스티치, 프렌치 노트 스티치

1. 연두색 천을 주전자와 주전자 뚜껑 모양으로 오려서 바탕천 위에 아플리케 해주세요.
2. ECRU번 실로 주전자 아래쪽과 뚜껑에 꽃무늬를 수 놓아주세요.

밸런스 커튼 만드는 방법

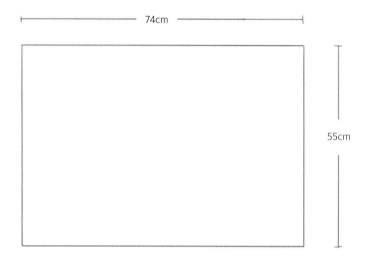

01 바탕천을 가로 74cm, 세로 55cm 크기로 재단해줍니다.

02 바탕천 위에 주전자, 찻잔, 접시들을 하나씩 아플리케 해주세요.

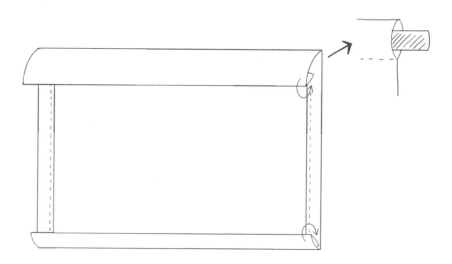

03-1 뒷면 마무리는 커튼 봉을 사용할 경우 위쪽을 제외한 양옆과 아래쪽은 1cm 안으로 접고 한 번 더 1cm 접어서 홈질해주세요. 위쪽은 1cm 안으로 접고 3cm만큼 한 번 더 접은 다음 홈질해서 커튼 봉이 통과할 수 있는 구멍을 만들어주세요(커튼 봉의 굵기에 따라서 위쪽 접는 길이를 다르게 해주세요).

03-2 커튼집게를 사용할 경우에는 뒷면 가장자리 모두 1cm 안으로 접고 한 번 더 1cm 접어서 홈질해주면 됩니다.

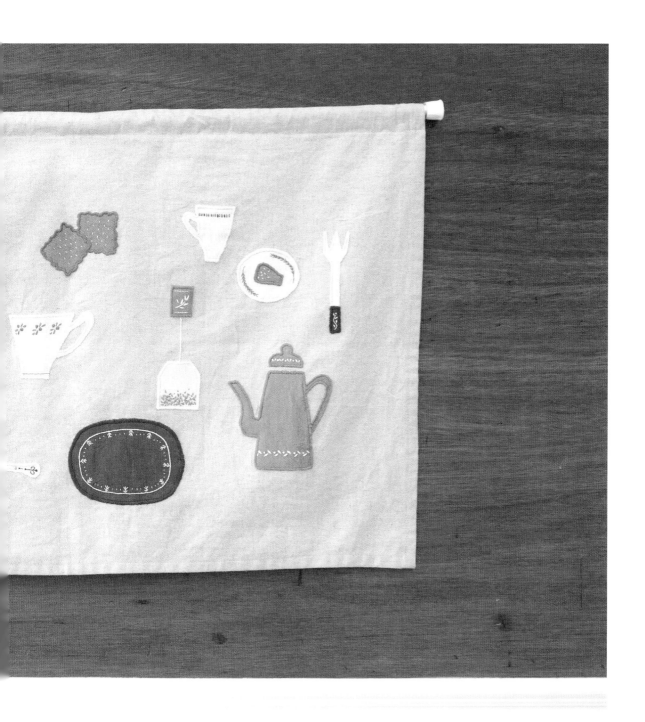

마음을 기록하는
아플리케 자수

초판 1쇄 발행 2020년 12월 22일

지은이 김지원
펴낸이 이지은
펴낸곳 팜파스
기획 · 진행 이진아
편집 정은아
디자인 박진희
마케팅 김민경, 김서희
인쇄 케이피알커뮤니케이션

출판등록 2002년 12월 30일 제10-2536호
주소 서울시 마포구 어울마당로5길 18 팜파스빌딩 2층
대표전화 02-335-3681   **팩스** 02-335-3743
홈페이지 www.pampasbook.com | blog.naver.com/pampasbook
페이스북 www.facebook.com/pampasbook2018
인스타그램 www.instagram.com/pampasbook
이메일 pampas@pampasbook.com

값 18,000원
ISBN 979-11-7026-376-0 (13590)

이 도서의 국립중앙도서관 출판예정도서목록(CIP)은 서지정보유통지원시스템 홈페이지
(http://seoji.nl.go.kr)와 국가자료공동목록시스템(http://www.nl.go.kr/kolisnet)에서
이용하실 수 있습니다.(CIP제어번호: CIP2020049288)